江　西　文　化　符　号　丛　书

江西文化符号

江 西 文 化 符 号 丛 书

茶文化

CHA
WENHUA

余 悦 / 著

江西美术出版社
江西人民出版社
江西 · 南昌

出版前言

江西“物华天宝”“人杰地灵”“雄州雾列，俊采星驰”，是人文渊薮之地，文章节义之邦。

在历史的眷顾中，文明与智慧在这片古老而富饶的土地上激荡、交融、沉淀、升华，孕育了兼容并蓄、海纳百川、多元特质的江西文化，涌现出辉映史册的杰出人物，积淀了弥足珍贵的人文资源。在整个中华民族的文明史上，江西文化浓墨重彩、影响深远。宋明时期，全盛的江西文化更是成为中华民族文化的结晶和代表。新民主主义革命时期，江西是全国苏维埃运动的中心区域，成为中国革命胜利前进的伟大基地，红色文化璀璨辉煌。这些具有独特魅力的江西文化散发出馥郁的芬芳，蕴含着温润的力量，氤氲在历史的光阴中，汇聚在时代的大潮中，滋润着广袤的赣鄱大地，滋养着广大的江西儿女。

“文化是一个国家、一个民族的灵魂。”为了深入贯彻习近平新时代中国特色社会主义思想，特别是习近平总书记关于文化建设的重要论述，中共江西省委、省政府把文化强省作为重大战略，出台了《关于加快文化强省建设的实施意见》，明确提出到2025年，江西要建设成为在全国具有较大影响的文化强省。《江西文化符号丛书》的出版正是中共江西省委宣传部深入学习习近平新时代中国特色社会主义思想，贯彻落实党的二十大会议精神，推动文化强省建设的一项具体行动。

我们策划出版这套《江西文化符号丛书》的初衷，就是力图将江西符号与江西形象、文化自信和文化思考，一起熔冶进书中，通过底蕴深厚的文字与精美个性的画面，带领人们理解江西文化的内涵，感知江西文化的灵魂，借以给人们梳理出一个清晰的文化发展脉络，提供一个宽敞的文化游历空间，架构一座理解传统文化与先人智慧的桥梁，活化一种历史记忆和时代精神的生动传承。

《江西文化符号丛书》的出版是一项系统工程。丛书选取了相对立体的涵盖江西特色文化基本面的12种文化作为第一辑，已于2021年4月出版，即《红色文化》《山水文化》《陶瓷文化》《书院文化》《戏曲文化》《农耕文化》《商业文化》《中医药文化》8种特色文化，以及《临川文化》《庐陵文化》《豫章文化》《客家文化》4种地域文化。在此基础上我们又梳理出《青铜文化》《古村文化》

《科举文化》《理学文化》《佛禅文化》《道教文化》《书画文化》《赣菜文化》《茶文化》9 种特色文化，以及《饶信文化》《袁州文化》《浔阳文化》3 种地域文化，共 12 种，作为第二辑出版。这些都是在江西历史上经过时间检验，已经形成广泛影响，并在较大范围内获得公认的文化成就和文化现象，它们是一道光、一条路，引导人们向光而行，不断续写新的华章。

我们在编撰工作中紧紧围绕“正”“专”“新”“特”“精”“美”来精耕细作。“正”，是指传播正能量，把好政治导向关；“专”，是指既要雅俗共赏、通俗易懂，又要体现学术层面的专业性和权威性；“新”，是指所选内容，不但要注重文化源远流长的历史和发展特征，更要延伸这种文化的美好前景及其在当下生生不息的生命力；“特”，是指文化内容一定要选取最有特质、最有代表性的符号来讲述；“精”，是指选材精、表述精、制作精，以打造精品图书的标准来组织实施；“美”，是指图文并茂，精美雅致，让读者沉浸在美景美物的故事和文化意境中，怦然心动，产生共鸣。

丛书的出版得到了领导和有关方面的高度重视和关心支持。中共江西省委常委、省委宣传部部长庄兆林同志对丛书的编撰亲自部署、具体指导。时任中共江西省委常委、省委宣传部部长施小琳同志，时任江西省人大常委会党组副书记、副主任朱虹同志，中共江西省委宣传部老领导刘上洋、姚亚平同志对丛书的编撰出版给予了悉心的指导。在丛书配图方面，江西省各设区市委宣传部以及江西画报社提供了有力的支持。在书稿审读过程中，中共江西省委党史研究室、江西省社会科学院、江西省文学艺术界联合会、江西省民族宗教事务局、江西省博物馆等众多单位以及南昌大学、江西师范大学等众多高校的专家学者提供了学术上的指导。丛书各册的作者克服了诸多困难，在相对较短的时间内，精心构建框架，广泛搜集资料，创新表达方式，倾情进行写作，为丛书的顺利出版付出了艰苦的努力、巨大的心力。丛书还参考了一些研究成果和图片资料，使用了省内部分摄影家的作品。在此，我们谨向所有支持、帮助过该丛书出版的领导、专家、学者致以衷心的感谢！

限于时间相对匆促，在编撰出版过程中，难免存在缺憾和不足，敬请广大读者批评指正！

丛书编委会
2023 年 1 月

目录

CONTENTS

江西文化
符号丛书

 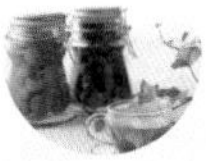    

第三章

茶俗多样

第四章

民间茶道

第五章

茶叶艺文

第六章

名人与茶

导言

新茶与稚笋，乡味忆江南。

——明代 李祯《三月四日即景》

相知相见情何已，石鼎山泉且煮茶。

——元代 王冕《九日书怀》

茶香四溢，传递的是乡味、乡风、乡思；茶启神智，表达的是相逢、相契、相和。

中国是茶的原产地，是茶文化的发祥地，对于茶的深情厚谊，最为真挚与热烈；江西作为享誉中外的重要产茶区，积淀了深厚的茶文化底蕴，对于茶文化的鼎力推动，颇有成效与成就！

2000 多年前，江西就是中国早期种植茶树的地方之一。唐代“茶道大行”，江西是著名的产茶区和集散地，也是茶文化的圣地。宋代斗茶风靡，江西人执文坛牛耳，文人墨客助推使茶风更炽，茶文化更浓。明代的“开千古茗饮之宗”，江西开了承上启下、继往开来的先河。清代的“万里茶道”，江西是直通欧洲腹地、联结世界的枢纽与茶源地。当代中国的茶文化弘扬，江西是当之无愧的三大重要区域之一，是中国“茶艺师的摇篮”，国际交流的先行者。

江西用自觉的文化意识和有为的知行合一，生动地诠释了什么是“茶为国饮”。“江西茶”既是国人之饮，也是中国之饮，还是国际之饮！

世界享受着茶香，世人受惠于茶饮。

今天，我们给世界敬献一杯绿色、健康、快乐的江西茶！

我们也给世界奉献清新典雅、睿智融通、思想深刻的江西茶文化，让茶文化悠久的魅力，隽永的回味，永远陪伴着每一个人！

第一章 茶史留芳

CHASHI
LIUFANG

中国是茶的原产地，是茶文化的发祥地，是最早发现、利用、种植、饮用茶的国家，也是茶文化最早形成并传播世界的国家。

素有“物华天宝”“人杰地灵”之誉的江西，产茶历史悠久，各种名茶辈出，茶叶贸易活跃，茶文化研究名列前茅，在中国乃至世界都影响巨大。江西茶史留下了恢宏的画卷，壮丽的篇章。

一、汉晋茶事留佳话

中国的茶史虽源于神农氏，但毕竟是传说。确切饮茶记载见于西汉。而“移植种下七株茶树”，有公元前53年之说，至今尚有争议。不过，早在东汉年间（25—220），江西就有僧人种植茶树，首开茶树培植先河，则见史籍。据《庐山志》记载：“东汉时，庐山僧侣劈岩削谷，取诸崖壁间栽种茶树，焙制茶叶。”具体情况已湮没在历史的岁月里。《庐山志》又载，“在晋代，庐山上的‘寺观庙宇僧人相继种茶’”。另有史书记载，庐山植茶始于慧远。

东晋太元六年（381），晋代高僧慧远（334—416）定居于庐山。东晋太元九年（384），在江州刺史桓伊的帮助下，慧远大师创建东林寺。慧远人品高峻、笃诚修行、精切学识、清妙文才，在主持东林寺不久后，寺中就香火

九江庐山茶园

鼎盛，闻名遐迩，成为全国八大道场之一，还造成“晋代名山惟匡庐最著”之势。慧远大师钟情庐山，在此长住30年，直到圆寂。

在漫长的岁月里，慧远大师一边聚集僧徒，讲授佛学，创建白莲社，倡导净土宗；一边开山植茶，开江南僧人种茶和饮茶的历史先河。慧远大师种植茶树，比中唐之时山东泰山降魔师提倡僧人饮茶早三四个世纪。历史表明：慧远大师是庐山佛教茶文化乃至中国魏晋时期佛教茶文化的创造者和提倡者。慧远把世俗的生产方式移入佛门，使禅林经济普遍得到发展，寺院栽茶、制茶大规模兴起。

慧远大师之所以在庐山开始植茶，是因为当地具有无法替代的自然条件与区位优势。在慧远大师的影响下，庐山各寺院也纷纷劈岩、填谷、栽种茶叶，大兴僧人饮茶之风，有力地推动了庐山茶业生产。庐山饮茶文化，一方面，因名茶庐山云雾，最早就是江西庐山、云居山的寺院僧众培育出来的，故具有佛禅文化的基因；另一方面，继慧远入山之后，陶渊明、陆修静等也先后隐迹庐阜，传说三贤不无交往，留下“虎溪三笑”的故事，故又有“儒风绵绵，相续不绝”的儒家文化传统。

在慧远大师之后，饮茶成为僧侣日常生活不可缺少的内容。佛教节日、朝廷御赐法衣、名号等许多重要场合往往要举行盛大的茶宴。约 8 世纪中叶，茶更是渗入到江西僧人的修行方式中。马祖道一（709—788）率先在江西倡行“农禅结合”的习禅生活方式，鼓励弟子进行自给自足的耕种，包括种植茶树。其弟子百丈怀海（720—814）在江西奉新百丈山创《百丈清规》，形成了一套系统的禅门茶礼、茶宴。《景德传灯录》卷九《潭州沩山灵祐禅师》记载了一则故事：沩仰宗创始人沩山灵祐（771—853）和仰山慧寂（840—916，一说 804—890）师徒，利用“普请摘茶”的场景，通过“摘茶”中“撼茶树”的动作描绘，阐述探讨佛教禅理中“体”和“用”的一对概念。

唐大中十一年（857），从谂禅师（778—897）80 高龄时行脚至河北赵州，受信众敦请驻锡观音院。其证悟渊深、年高德劭，享誉南北禅林，并称“南有雪峰，北有赵州”，“赵州眼光烁破天下”。从谂禅师曾拜见云居道膺禅师（835—902），受教于百丈怀海禅师，受到“农禅结合”习禅生活和《百丈清规》禅门茶礼的熏陶。所以，从谂禅师留下三讲“吃茶去”的禅林公案。从此，在江西寺院形成的一套茶礼、茶宴迅速在中国传遍开来。

在日本室町时代（1336—1573），中国唐宋禅寺的清规已较完整地传播到日本。当时，参照《百丈清规》《禅苑清规》，制定约束寺僧修行和日常生活的仪规，任命禅林僧职管理禅刹。例如：曹洞宗出台的《典座教训》《知事清规》《众寮清规》等，均对首座、典座、监寺、直岁等的职责与规范以及寺中秩序做出了明确规定。可见《百丈清规》在日本的影响。

宋代吉州窑黑釉木叶纹茶盏

二、大唐江西茶市兴

看
听

饮茶风尚的真正盛行，始于唐代。唐代饮茶风气的兴盛，是随着中国茶叶生产和品饮发展逐渐演变的。初唐之时，饮茶之风尚局限于东南、西南等地，北方虽已有人饮，还未蔚然成风，故有“南人好饮之，北人初不多饮”之说。到8世纪初，随着国家统一稳定，交通运输便捷，经济文化交流发达，唐肃宗时下令禁酒，民间遂以茶代酒，饮茶风气开始在北方延展。大量南方人到北方做官或谋生，自然也把茶风带到朝中及北方各地。

唐代封演《封氏闻见记》形象生动地描绘了开元以来茶风的普及，“自邹、齐、沧、棣，渐至京邑，城市多开店铺，煎茶卖之，不问道俗，投钱取饮。其茶自江淮而来，舟车相继，所在山积，包额甚多。”封演还进一步介绍：“古人亦饮茶耳，但不如今人溺之甚，穷日尽夜，殆成风俗。始自中地，

商人通过万里茶道运输茶叶场景

流于塞外。”

更值得注意的是，与丝绸之路、瓷器之路一样，还有一条绵延亘古的“茶之路”。最迟唐代起，中国茶便跨出国门，走向海外。“茶之路”与“丝绸之路”一样古老和通达，联结起中国和世界。

饮茶风气的兴盛之所以在唐代出现，除了茶叶生产和品饮发展的必然，还与唐代的茶业生产和社会文明程度有着密切关系。唐代是中国古代历史上的鼎盛时期，特别是在开元、天宝年间，物质文明和精神文明都达到了一个新的高峰。经济的发展、消费的普及，极大地推动了茶叶生产和茶文化的发展。唐朝时，茶叶主产地遍及山南、淮南、浙西、浙东、剑南、黔中、江南、岭南等八大茶区的43个州郡，已基本构成现代茶叶产区的框架，各地植茶规模不

断扩大，茶叶生产已趋向专业经营。“江南百姓营生，多以种茶为业”，茶叶生产成为茶区农民谋生的主要经济来源，逐步向专业化、商品化发展。

江西因丘陵遍布、土壤肥沃、气候温润、光照适宜的地理优势，向来是中国重要产茶区。随着唐代全国性的“茶

景德镇浮梁县茶园

道大行”，江西茶叶生产得到空前发展，饮茶之风也极为盛行。唐朝时，江西的浮梁县不仅是著名的茶叶产区，还是重要的茶叶贸易集散地，全国有超过三分之一的茶叶交易在这里完成，当时江西上缴的茶税占到全国的八分之三以上。此外，当时饶州（鄱阳等县）、虔州（赣州）、袁州（宜春）、江州（九江等地）、洪州（南昌）等都是茶叶产地。洪州西山的“白露”茶，被李肇撰写的《唐国史补》列为唐代 15 种名茶之一，并认为因“风俗类茶，茶之名品益众”。

江西不仅具有茶叶生产的优势，而且是重要的茶叶贸易集散地。唐代著名诗人白居易在长篇叙事诗《琵琶行》中写道：“商人重利轻别离，前月浮梁买茶去。”诗句借琵琶女之口的诉说，反映了当时浮梁的茶叶贸易盛况。诗中所写，并非是诗人的即兴之言，夸张之语，而是现实的写照。诗的创作缘起写得很清楚，“予出官二年，恬然自安，感斯人言，是夕始觉有迁谪意。”唐元和九年（815），诗人被贬江州（今江西九江）司马，故诗中有“江州司马青衫湿”句。而《琵琶行》是白居易到江州第二年创作的，可见是经过了解和有依据的。

白居易一生以茶为友，饮茶成癖，朝夕不可离。白居易现存以茶为主题和叙及茶事的诗共计 60 余

首，诗中出现了早茶、午茶、夜茶等多种方式，茶成了他生活中不可或缺的部分。

白居易还精于煎茶，善于品茶，他在《谢李六郎中寄新蜀茶》中说：

故情周匝向交亲，新茗分张及病身。
红纸一封书后信，绿芽十片火前春。
汤添勺水煎鱼眼，末下刀圭搅曲尘。
不寄他人先寄我，应缘我是别茶人。

这首诗只有短短八句，却反映出丰富的茶文化内容："绿芽十片火前春"，说明唐代不仅有团茶，而且有采摘芽叶制成的散装芽茶。其采摘时节是在"骑火"之前，比如今的采茶时节要早。"汤添勺水煎鱼眼，末下刀圭搅曲尘"，用简洁的语言描绘了煎茶的过程，反映了茶艺的熟练与技艺的精妙。诗人自称为"别茶人"，也就是善于鉴别茶叶品质的行家里手。

白居易还在庐山香炉峰下结草堂居住，开辟茶园，亲自种茶、制茶，既品尝高山茶特殊风味，又在大自然怀抱寻找心灵的慰藉，留下了"架岩结茅宇，砍壑开

九江庐山香炉峰

《事茗图》唐寅 / 明代（故宫博物院藏）

茶园”的诗句。这样不折不扣的“别茶人”，对于茶叶集散地的描写，自然是持之有据。

在大宗外资以水运为重要运输渠道的唐代，浮梁县既方便抵达贯通南北的大运河，又靠昌江，过鄱阳湖，走长江，具有四通八达、交通便利的有利条件，自然成为茶叶集散地与商业重镇。

唐人鉴水试茶，也成为一时风尚。在这方面，江西有得天独厚的优势。张又新撰写《煎茶水记》，又称《水经》，是中国历史上第一部论述宜茶水品的专著。张又新为唐元和九年（814）举进士第一，曾任江州刺史等职。《煎茶水记》是他担任江州刺史以后的作品，大约写于唐宝历元年（825）。《煎茶水记》记载，陆羽曾把天下之水品定为二十等。

庐山康王谷水帘水第一；无锡县惠山寺石泉水第二；蕲州兰溪石下水第三；峡州扇子山下有石突然，泄水独清冷，状如龟形，俗云虾蟆口水第四；苏州虎丘寺石泉水第五；庐山招贤寺下方桥潭水第六；扬子江南零水第七；洪州西山西东瀑布水第八；唐州柏岩县淮水源第九；庐州龙池山岭水第十；丹阳县观音寺水第十一；扬州大明寺水第十二；汉江金州上游中零水第十三；归州玉虚洞下香溪水第十四；商州武关西洛水第十五；吴松江水第十六；天台山西南峰千丈瀑布水第十七；郴州圆泉水第十八；桐庐严陵滩水第十九；雪水第二十。

陆羽把宜茶用水分为二十水品，其品水范围，除长江中下游部分地区之外，还包括商州（今陕西商洛商州区）、唐州（今河南驻马店泌阳县）、郴州（今湖南）等地的名泉名水。其中，江西独占鳌头，位列第一、第六的名泉在庐山，第八的名泉在洪洲（今江西南昌），均属赣地。

《煎茶水记》认为："此二十水，余尝试之，非系茶之精粗，过此不之知也。夫茶烹于所产处，无

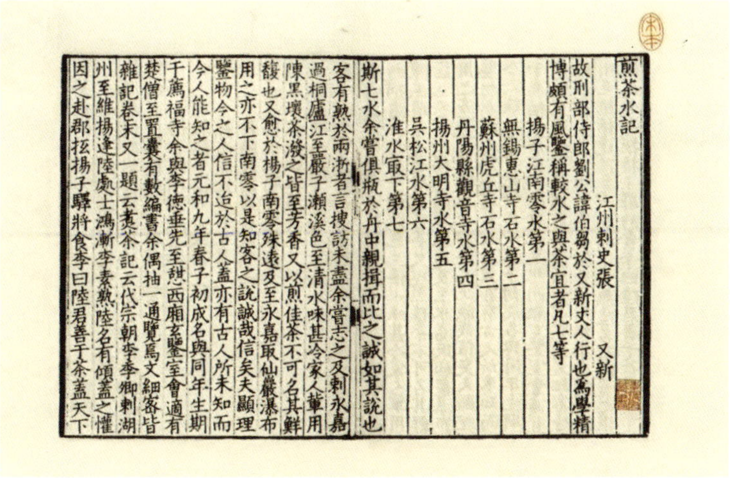
煎茶水記
江州刺史張　又新
故刑部侍郎劉公諱伯芻於又新丈人行也爲學精
博頗有風鑒稱較水之與茶宜者凡七等
揚子江南零水第一
無錫惠山寺石水第二
蘇州虎丘寺石水第三
丹陽縣觀音寺水第四
揚州大明寺水第五
吴松江水第六
淮水最下第七
斯七水余嘗俱瓶於舟中親挹而比之誠如其說也
客有熟於兩浙者言搜訪未盡余嘗志之及刺永嘉
過桐廬江至嚴子瀨溪色至清水味甚冷家人輩用
陳黒壞茶潑之皆至芳香又以煎佳茶不可名其鮮
馥也又愈於揚子南零殊遠及至永嘉取仙巖瀑布
用之亦不下南零以是知客之說誠哉信矣夫顯理
鑒物今之人信不迨於古人蓋亦有古人所未知而
今人能知之者元和九年春子初成名與同年生期
于薦福寺余與李德垂先至憩西廂玄鑒室會適有
楚僧至置囊有數編書余偶抽一通覽焉文細密皆
雜記卷末又一題云煑茶記云代宗朝李季卿刺湖
州至維揚逢陸處士鴻漸李素熟陸名有傾蓋之懽
因之赴郡抵揚子驛將食李曰陸君善于茶蓋天下

《煎茶水记》（宋刻本）张又新 / 唐代

不佳也，盖水土之宜。离其处，水功其半，然善烹洁器，全其功也。”张又新烹茶用水问题的独创性见解，不仅把唐代茶文化理论和品茶艺术向前推进了一步，而且从另一个侧面彰显出唐代江西的茶文化地位。

二、宋代赣茶多盛况

看

听

茶有“兴于唐而盛于宋”之说，宋代在中国茶产业和茶文化史上占据关键地位。宋徽宗赵佶的《大观茶论》中说：“采择之精，制作之工，品第之胜，烹点之妙，莫不盛造其极”（《大观茶论》）。当时，茶业重心由西南向东南迁移，获得明显发展；制茶技术卓越，名茶不断涌现；各地饮茶普及，城镇茶馆林立，社会崇尚饮茶，发展斗茶、分茶；唐代未成形的榷茶制度，在宋代正式推行实施，榷茶与茶马互市是宋代乃至明清茶政的主要内容。

推动饮茶之风普及，江西人士功不可没。北宋时任宰相的江西人王安石在《议茶法》时提出：“夫茶之为民用，等于米盐，不可一日以无。”王朝上层把茶叶视为与大米、食盐一样重要的东西，极大地推动了当时饮茶、斗茶风气的盛行，并历代沿袭，使茶成为“开门七件事”之一。北宋李觏说：“茶非古也，源于江左，流于天下，浸淫于近代，君子小人靡不嗜也，富贵贫贱靡不用也。”饮茶的普遍，可见一斑。

如今常说的“开门七件事”，即柴、米、油、盐、酱、醋、茶等七种日常饮食必需品，在宋代王安石时期业已出现，并得到上层的认同。从此以后，该说更为流行。南宋吴自牧《梦粱录》记载都城临安（今浙江杭州）风俗掌故，其中就有：“盖人家每日不可缺者：柴、米、油、盐、酒、酱、醋、茶”。自才华横溢、喜玩会玩的宋徽宗当皇帝后，宋代茶文化正式进入高峰期。《铁围山丛谈》记载，“茶之尚，盖自唐人始，至本朝尤盛。而本朝又至佑陵（即宋徽宗）时益穷极新出，而无以加矣。”街市之中茶肆的品谈憩息，各种场合的交际应酬，人生喜庆的各种礼俗，无处不有茶风洋溢，香气漂浮。而在上层社会，经常举行各种茶宴，皇帝用贡茶招待群臣，以示恩宠；士人之中，斗茶、茗战更是情趣无限。“倾身事茶不知老”，使饮茶文化达到登峰造极的地步。饮茶之风在宋朝日益盛行，进一步深入社会各个阶层，使宋代不仅是茶产业空前发展的时期，也是茶文化深入社会的时期。

与此同时，江西也进入了茶叶生产飞跃发展的时期。宋代江西茶叶种植十分普遍，上至达官显贵，下至一般平民，即使是政府也有自己的茶园。据《续资治通鉴长编》

卷六十一“北宋景德二年（1005）十月癸巳记事”记载：虔州杂料场属下的茶园，因“率民采摘，颇烦扰”，于景德二年废掉。同时，许多私人茶园也大量存在。不仅如此，宋代江西的一些寺院，茶叶业为其生活来源，大量种植茶叶。“令行童挈稻糠入茶园培壅根株”，可见寺院也占有茶园。

由于茶园面积的扩大，江西宋代的年产茶量名列前茅。据北宋太平兴国二年（977）统计，政府共榷茶1795万斤，其中的1027万斤出于江南十州五军。而这些主要产茶区，江西就有江、饶、信、洪、抚、筠、袁等七州，临江、建昌、南康三军。江西不仅茶叶数量多，茶叶品种不胜枚举，而且品质上乘。《宋史·食货志》谈到东南各地66州242县中的紫笋、阳羡、日铸、谢源、黄龙、双井6个闻名全国的茶叶，其中，江西就占有一半，分别是：婺源的谢源茶，隆兴的黄龙茶、双井茶。这些名茶当时都受到极高的赞赏。隆兴府知府韩邈在奏报中称“隆兴府惟分宁县产茶，它县无茶”，他所指的茶即是黄龙茶。分宁县（今江西九江修水县）的另一种名茶是双井茶，被誉为“草茶第一”。另外，宜丰县的黄檗茶也是当时的名茶之一。北宋朱彧《萍州可谈》中记载：“江西瑞州黄檗茶，号绝品，士大夫颇以相饷，所产甚微。寺僧园户，竟取他山茶，冒其名以眩好事者。”史料表明：瑞州黄檗茶为茶中“绝品”，又产量稀少，因稀有和珍贵，有人仿冒。

种茶的普遍，饮茶的风靡，促使了江西茶叶买卖的兴盛，以至于出现“村圩卖茶已成市”的局面。著名诗人陆游《前

《清明上河图》（局部）张择端 / 宋代（故宫博物院藏）

坪寺戏书触目》诗中描写了江西茶叶买卖随处可见的景象：

稻秧正青白鹭下，桑椹烂紫黄鹂鸣。
村墟卖茶已成市，地薄打麦惟闻声。

“村墟”即乡村集市，这首诗描写了“村墟”成为集中进行茶叶交易的市场，甚至发展为人口密集、工商业及文化发达的城镇的历史。

宋朝时，江西的茶商占到全国茶商比例的三分之一，江西是全国最重要的茶叶交易地区。这种地位，一直延续。元代江西茶叶在唐宋的基础上有所发展，江西依旧为全国产茶的重要地区。元政府在江西行省（包括今天的广东大部分，但赣东北属浙江），设立茶运司，每年收取大量的茶税。

宋代，茶叶给人们带来了巨大的经济效益和社会效益。一方面，大量的茶叶种植、茶叶贩卖为宋代茶叶经济的发展奠定了基础；另一方面，茶道得到更大发展，品泉斗茶是当时常见的活动，极大地丰富了人们的物质文化和精神文化生活。宋代饮茶之风空

仿宋点茶表演

前普及，茶艺空前精致，饮茶是解渴的过程，也是审美的过程，更是提升精神境界的过程。生活在宋代的江西文人，是茶文化的参与者，也成为自觉的推动者与传播者。

重视煮水候汤，精研候汤之法，是宋代点茶关键技法。南宋学者罗大经（1196—1252）为吉州吉水（今江西吉安吉水县）人，在所著《鹤林玉露》中记载了他的精彩之论：

余同年李南金云："《茶经》以鱼目、涌泉连珠为煮水之节。然近世瀹茶，鲜以鼎镬。用瓶煮水，难以候视，则当以声辨一沸二沸三沸之节。又陆氏之法，以末就茶镬，故以二沸为合量而下末，若以今汤就茶瓯瀹之，则当用背二涉三之际为合量。"乃为声辨之诗云：'砌虫唧唧万蝉催，勿有千车稛载来。听得松风并涧水，急呼缥色绿瓷杯。'"其论固已精矣。然瀹茶之法，汤欲嫩而不欲老。盖汤嫩则茶味甘，老则过苦矣。若声如松风涧水而遽瀹之，岂不过老而苦哉！惟移瓶去火，少待其沸止而瀹之，然后汤适中而茶味甘。此南金之所未讲者也。

江西宋代文人雅士对斗茶倾注巨大热情，描绘斗茶的诗作举不胜举。北宋政治家、文学家欧阳修（1007—1072）为吉州庐陵永丰（今江西吉安永丰县）人，《尝新茶呈圣俞》有句："停匙侧盏试水路，拭目向空看乳花。""唐宋八大家"之一的曾巩（1019—1083）为建昌军南丰人，《蹇磻翁寄新茶二首》写道："贡时天上双龙去，斗处人间一水争。" 两宋之交的重要诗人王庭珪（1079—1171）为吉州安福（今江西吉安安福县）人，《和公仪饮茶》描绘："云叠乱花争一水，凤团双影贡先春。"这些诗人深谙斗茶之道，他们名声卓著，通过诗歌传播，极大地推动了宋代斗茶之风。

宋代文人多嗜茶饮，品赏佳茗，往往以诗词赞咏，赠朋友共享，并以茶诗歌咏名茶，推介茗品。宋代"双井茶"最为引人注目，就得益于"江西诗派"开创者、书法"宋四家"之一的黄庭坚（1045—1105）的推广。

黄庭坚对家乡的双井茶喜爱无比，大力推广，将其赠予京师名士精英。他将双井茶送给苏东坡时，写了有名的咏茶诗《双井茶送子瞻》，向这位品茶高手强力推荐双井茶是"我家江南摘云腴，落硙霏霏雪不如"的好茶。苏东坡在答谢黄庭坚送茶、赠诗时，特和诗《鲁直以诗馈赠双井茶次韵为谢》，感叹道："磨成不敢付僮仆，自看汤雪生玑珠。"意思是：我将茶在茶碾中磨好后，舍不得交给童仆去煎煮，而是自己细心守在茶鼎边，察看茶汤渐渐出现雪样的浮沫，初沸时冒出的水泡如珍珠般靓丽。

黄庭坚馈赠的对象，当然也包括许多江西籍的同乡诗人。喝了家乡的茶，情愫滋生，加上又是好茶，欣喜之余自然会见于文字。其中之作，以欧阳修《双井茶》最为有名。他笔下的双井茶，有着"白毛囊以红碧纱"的独特外形，"十茶养一两芽”的绝佳品质，因此，产生了“长安富贵五侯家，一啜犹须三日夸”的非凡影响。由于欧阳修、苏轼等名人巨匠的唱和举荐，双井茶最终从鲜为人知的茶品，成为朝廷贡茶之一。双井茶一时之间名气大增，又不时成为文人们馈赠和唱和的热点，形成了一种良性循环。

宋代江西文人的咏茶诗词，也流传到日本与韩国，时至今日，依然为人称道与引用。文学的力量，将中国茶文化传到了世界其他地区，使得中国茶叶和茶文化进一步闻名世界。

四、明代茶事行变革

元明清时期，江西一直是全国茶叶的重要产区。元朝统一全国后，中原和北方饮茶再兴，奶茶文化带来长足的进步。元朝在统治过程中，推行了有利于农业生产的措施，由官府编写和印发了《农桑辑要》一书。另外，古代农学、农业机械学家王祯（1271—1368），元大德四年（1300）任信州永丰（今江西上饶广丰区）县令时，著成《王祯农书》（《农书》），其中内容包括介绍茶树栽培和茶叶制作。

《农桑辑要》（覆刻聚珍本）/ 元代

元朝统治者对茶的生产和贸易采取支持态度，对于中原和北方茶业的发展有一定促进作用。

在此期间，“元诗四大家”之一的虞集（1272—1348），曾经随父侨居于崇仁（今江西抚州）。元大德六年（1302），以荐授大都儒学教授，历任集贤修撰、秘书少监、翰林直学士、奎章阁侍书学士等职，诗文负有盛誉，一时朝廷宏文典册多出其手。在他的诗文中，多有涉茶之作。例如《密公宝章小集》诗云：“惊似如庵连榻坐，一瓯春露淡相忘。”他在《次韵邓善之游山中》，写下吟咏龙井茶的名句：“烹煎黄金芽，不取谷雨后。”历来被视作龙井茶的重要史料。

明代是中国茶叶生产的重大转折与发展时期，同时也是继两宋之后又一个茶文化的黄金时代。在整个明代的276年间，茶叶生产有了划时代的进步，茶叶种植区域较前代大幅度拓展，茶叶种植技术和采制加工工艺也发生重大变革，致使前朝没有的名茶新品大量涌现。作为明代重要的茶产区，江西的茶区不断扩大，名茶不断出现，加工技术不断成熟，茶叶贸易也由全国扩展到海外，江西茶税仍然是全国茶税的重要来源。

明洪武二十四年（1391）九月，朱元璋下诏：“上以重劳民力，罢造龙团，惟采茶芽以进。”这则诏令，除废除团饼，改贡茶芽外，又把古代官焙贡茶改为民间贡茶。唐宋时期的贡茶，以官焙贡茶为主，明代则由民间贡茶取而代之，官焙贡茶不复存在。为了争得入贡殊荣，各地努力改进茶叶生产工艺，提高茶叶产品质量，制作大批新创名茶。明清之际史学家谈迁（1594—1658）的《枣林杂俎》，所记明代贡茶最为详备，有专节详录明代贡茶产地及贡茶数量。据载，明代贡茶产地有南直隶（今江苏、安徽）、浙江、江西、湖广（今湖南、湖北、福建等地）。其中，江西的贡茶，涵盖江西整个十三府，即南昌府、南康府（今江西庐山）、赣州府、袁州府（今江西宜春）、临江府（今江西樟树）、九江府、瑞州府（今江西高安）、建昌府（今江西抚州南城县）、抚州府、吉安府、广信府（今江西上饶）、饶州府（今江西上饶鄱阳县）、南安府（今江西赣州大余县）。这些贡茶产地，除少量是唐宋两代贡茶之地，大部分是明朝新兴贡茶产地。

在茶叶的种植与采制技术方面，明代较前代有了一定的进步和发展。其时，茶树种植主要有两种方法：一是茶籽直播，二为育苗移栽。当时，先行育苗而后分植（移栽）的植茶法，茶籽选种时的水选法，收藏茶籽、避免冻害法，都得以推广。在茶叶采制技术方面，把历史上早已有之但从来都不占主导的炒青法进行改造和完善，形成了明代独具特色的炒青茶制法。罗廪《茶解》成书于明万历三十七年（1609），记载的炒青茶制法，大体上包括高温杀青、摊凉、揉捻、复炒、烘干五个工序，标志着散茶的炒青工艺基本定型。

在明代各类典籍中，多有关于江西茶叶名品的记载。明代戏曲作家、养生学家高濂约生于嘉靖初年，生活于万历年间（1573—1620）前后。他撰写的《遵生八笺》记载，“洪州有白露”“其名皆著”。著名医学家李时珍在《本草纲目》中，记载名茶及产地，“唐人尚茶，茶品益众”“洪州之白露，双井之白毛，庐山之云雾”“皆产茶有名者”。明万历十九年（1591），黄一正编成《事物绀珠》，所载茶叶品目，为 16 世纪中后期传统名茶和新创茶品的汇总。其中，载录“饶州茶、南康茶、九江茶、吉安茶”等。以《事物绀珠》“今茶名”为基础，结合各家所论，明代江西名茶有：界桥茶、白露茶、鹤岭茶、紫清茶、香城茶、饶州茶、南康茶、九江茶、吉安茶、德化茶、双井白毛茶、庐山云雾茶、云居茶、玉津茶、金片、绿英、福合、禄合、运合、庆合、指合（产饶州、池州）。

因为名茶采制得法，品质卓越，风味独特，适应了日常饮茶需要和艺术审美需求，故深得文人雅士的喜爱，为明代以瀹饮法和清饮雅赏为主要特征的茶文化风尚形成奠定了基础。王世懋（1536—1588）是明代文学家、史学家，虽然才气名声亚于其兄，但好学善诗文，著述颇丰。所著《二酉委谭》中，记载了他自己在江西做官时的一则茶事：

余性不耐冠带，暑月尤甚，豫章喜蚤热，而今岁尤甚。春三月十七日，觞客于滕王阁，日出如火，流汗接踵，头涔涔几不知所措，归而烦闷，妇为具汤沐，便科头裸身赴之。时西山云雾新茗初至，张右伯适以见遗，茶色白大，作豆子香，几与虎邱埒。余时浴出，露坐明月下，亟命侍儿汲新水烹尝之。觉沆瀣入咽，两腋风生，念此境味，都非宦路所有。

繁文缛节，冗事虚礼，决然不会有此心境。仕途中的尔虞我诈，乃至腥风血雨，更与茶的意境风马牛不相及。王世懋的亲身体验，正是明代茶艺方式改易的思想基础与社会现状。

博大精深的茶艺经过唐宋的繁荣后，在明代依然保持着旺盛的生命力。明代茶艺扬弃前代烦琐的茶技，追求茶本身的天然清香，重在欣赏沏泡过程的清省雅致，重在品味茶汤的醇厚绵长，并十分讲究名茶、好水、挚友、佳境。明代茶艺丰富多彩，最能代表其特色的是文人饮茶。明代文人追求性灵抒放，讲究韵外之韵、旨外之旨，品茗有着清雅脱俗、幽远宁静的风致。明代茶艺较前代精简随意，却有着更为深厚的文化底蕴，对后代的影响也是源远流长。

明代茶艺最重要的贡献，是瀹饮法的定型与发展。直到现在，人们还在普遍使用这种简便易行的散茶冲泡法。朱元璋废除饼茶改为芽茶进贡，宋元时期在民间流传的散茶冲泡法逐渐为人们所采用，宋代的点茶法便被瀹茶法所取代。人们直接采用开水冲泡，以品尝茶叶的天然清芬。

瀹饮法摆脱了延续千年之久的烦琐程序，散茶冲泡，简约随意，故沈德潜称之为“开千古茗饮之宗”。直到现在，瀹茶法一直占据着中国饮茶方式的主导地位。

明代朱权（1378—1448）对品饮从简行事、开清饮风气之先，以具有时代特色的方式享受着饮茶的乐趣。朱权为明太祖朱元璋第十七子，明永乐元年（1403）改封南昌，封号宁王，谥曰“献”，世称“宁献王”，死后葬于名茶“西山白露”的产地——西山之麓。朱权曾在西山遐岭峰巅构筑学道的精庐，多与文人学士往来，寄情于刊著与仙道。他多才多艺，沉醉清虚，悉心茶道，著成对中国茶文化贡献颇深的《茶谱》。

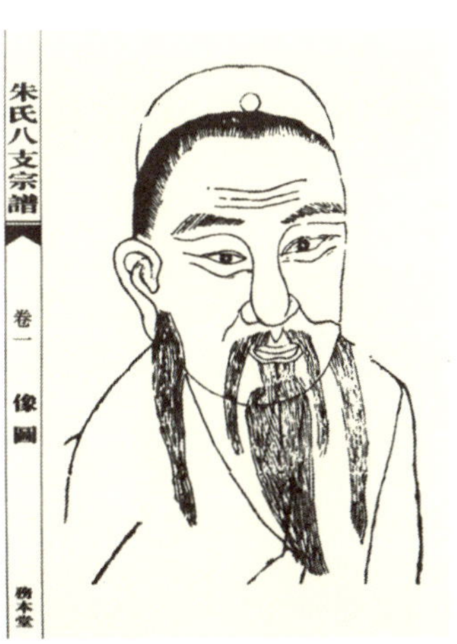

宁献王朱权画像

明代饮茶注重品饮的参与人员和周围环境，朱权在《茶谱》中有着精彩的论述：一起品茗的，都是些“鸾俦鹤侣，骚人羽客”的高雅人士；环境也极为幽静，“或会于泉石之间，或处于松竹之下，或对皓月清风，或坐明窗净牖”；与客人清谈款话的内容，又是“探虚玄而参造化，清心神而出尘表”。就在超凡脱俗的氛围中，开始愉悦、舒坦、清静的品茶。主客长坐久谈，童役烧水煎茶，山之清幽、泉之清泠、茶之清香、人之清谈，四者很自然地融为一体，具有一种内在的和谐感。在宁静和淡泊中，寻找出绵绵的悠长。

明代制茶方法更为精致，采用炒青制作的茶叶，颜色青绿，香味醇厚。为了烹制好茶，明人极为重视水质，认为“八分之茶，遇水十分，茶亦十分；八分之水，试茶十分，茶只八分耳”。瀹茶法用条形散茶直接冲泡，茶人更重视茶的色、香、味，讲究茶汤碧绿透亮、茶叶清芬怡人、茶汤醇厚绵长。品尝时也颇有讲究，在喝茶之前要先漱口，再慢慢下咽，让舌上的味蕾充分接触茶汤，用心去感受茶叶本身的丰美滋味。品茶宜静宜幽，夜深人静之时，独坐幽谷，最好亲手烹制，水沸如松涛阵阵，注入瓯内似瀑布奔泻，一时之间，如天光云影尽收其间，烟雾缭绕，香气氤氲。饮茶时不可一饮而尽，应细细啜饮，顿时满口甘津，齿颊生香，此中妙处难以言说。

朱权的《茶谱》，对于品茗时的用茶、选器、冲泡、品饮等都有精当的论述，是从点茶法到瀹饮法的变易与衔接，是明代的茗饮转折与新风开创的先行者。明代文人在品茶中修心，做到不以物喜，不以己悲，一切归于冲澹自然，追求宁静淡泊的境界。

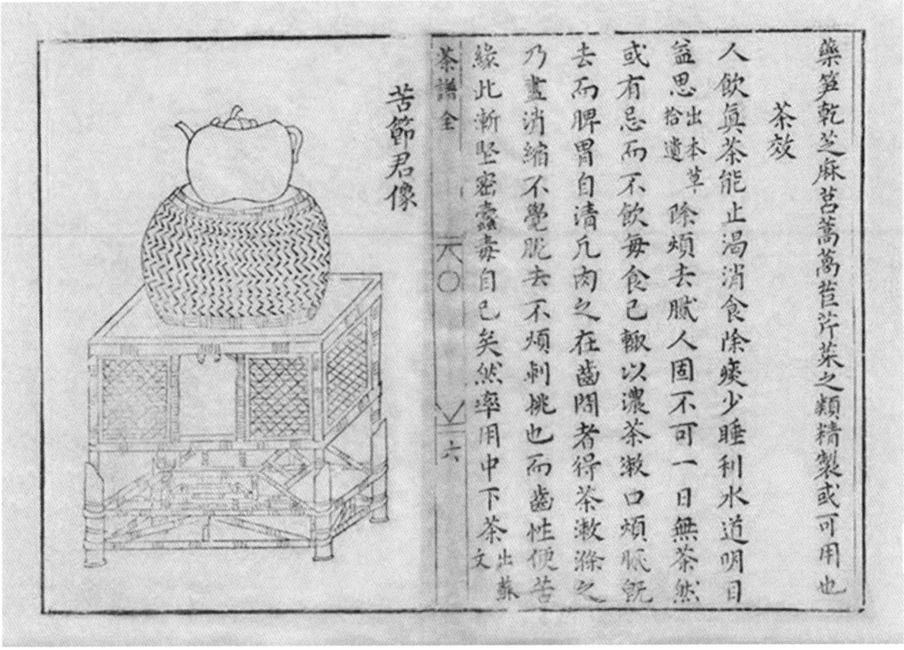

棗筍乾芝麻苦蕒萵苣芹菜之類精製或可用也

茶效

人飲真茶能止渴消食除痰少睡利水道明目益思（出本草拾遺）除煩去膩人固不可一日無茶然或有忌而不飲每食已輒以濃茶漱口煩膩既去而脾胃自清凡肉之在齒間者得茶漱滌之乃盡消縮不覺脫去不煩刺挑也而齒性便苦緣此漸堅密蠹毒自已矣然率用中下茶（出蘇文）

茶譜全 六

苦節君像

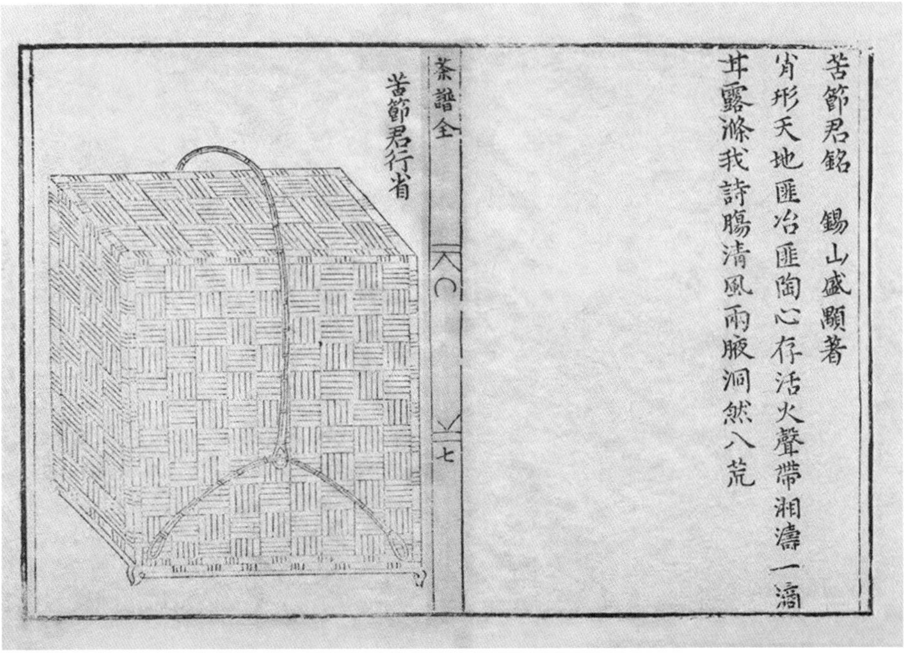

苦節君銘　錫山盛顒著

肖形天地匪冶匪陶心存活火聲帶湘濤一滴甘露滌我詩腸清風兩腋洞然八荒

茶譜全 七

苦節君行省

《茶谱》朱权／明代

五、清代茶路通欧洲

清代茶业的发展与革新延续明代的方向和势头。茶叶的生产制作由紧压茶转向散茶为主；简化饮茶方法，推崇瀹饮法，即用热水直接冲泡叶茶的方法；随着加工技术的不断丰富，中国六大基本茶类已齐全。

清代茶业由鼎盛走向衰退，从17世纪到19世纪中期前的百余年间，中国茶叶通过海上丝绸之路、中俄万里茶道，直达欧洲腹地，饮誉世界市场。19世纪后期开始，由于殖民主义者扶持并经营世界各地殖民地的茶叶生产，外国茶叶逐渐夺走了中国茶叶作为对外贸易商品的地位。

在清代，江西茶产业大体与全国呈现同一态势。一方面，江西茶叶保持原有的优势，加之因外省流民在明末清初进入江西山区，使茶叶产区由丘陵向山地扩展，茶叶种植得到较大的发展。另一方面，江西的大米、棉花、夏布、

万里茶道上的运输场景

纸张都是重要产品，其中景德镇的陶瓷更是成了欧洲的抢手商品，茶叶与这些受到国内外欢迎的产品形成“叠加效应”。据统计，即使是中国茶叶在国际上走向衰落的1914年，江西茶叶出口依然创造33.5356万担（1担=50千克）的最高纪录。值得关注的是，江西成为万里茶道的重要枢纽，使茶叶能够通过陆上通道销售到俄国与其他国家。

中国自古就有与国外连接的“茶叶之路”，“万里茶道”是16世纪末至20世纪初继丝绸之路后亚欧大陆兴起的又一条国际商道。“万里茶道”连接起中国广大的茶区，贯穿中国的南北，是一条网络复杂的多彩之路。在这条茶道上，江西是重要的枢纽。其中，江西的铅山县河口镇是重要的茶叶集散地，是“万里茶道”第一镇。江西鄱阳湖是古代从北方进入江西的唯一水道，也是“万里茶道”贯通福建

的唯一要道。

江西九江口是长江黄金水道南北、东西交流的轴心，是号称“三江之口，七省通衢”的必经之路。它在明代成为全国“三大茶市”“四大米市”之一，也是万里茶道的必经之路。九江对外通商历史久远，早在清咸丰八年（1858），九江就和汉口、南京、镇江等城市被辟为对外通商口岸。值得注意的是，俄国丰顺公司清同治二年（1863）在中国设立工厂，其中有九江砖茶厂，当

上饶铅山县河口镇

时雇用了很多中国工人，制造砖茶和茶饼。清同治三年（1864），俄商设立新泰砖茶厂，后约于清光绪元年（1875）在九江设立分厂。俄商在华所办的最大的阜昌砖茶公司在九江设立的分厂，年产量达 2.6 万担，公司还在福州、汉口、上海、天津、科伦坡和莫斯科都有分厂或支店。至 20 世纪初，九江砖茶生产全被俄商垄断，砖茶输出额达 300 万两。而且，从同治年间（1862—1875）开始，美国旗昌洋行、英国太古洋行等分别在九江设立码头、

茶叶运输场景之一

茶叶运输场景之二

趸船、货栈，除长江航运外，还入鄱阳湖沿赣江而上进行运输。当时，“九江出口赴欧洲瓷器、茶叶及九江至上海之米粮、大豆、芝麻，莫不由英轮揽载大多数”（《九江通商口岸史略》）。由此可见，九江在万里茶道的作用与影响。

江西除了是关键的茶叶集散地，自唐宋时期起就是中国重要的产茶地。在万里茶道运输的茶叶中，就有江西的名优茶叶。以江西宁红茶叶为例，宁红茶生产始于道光年间（1821—1850），道光末年闻名于世。因向俄国出口，引起世界的关注。当时一年出口量高达300万箱，价格昂贵，曾为1磅48两银子。据记载：清光绪十七年（1891），厚生隆茶行产制的白字号宁红茶100箱，在汉口以每箱白银100两的价格出售给俄商。连美国乌克斯所著《茶叶全书》也写道：“宁红外形美丽紧结、色黑，水色鲜红引人，在拼和茶中极有价值。”名茶的生产，进一步提升了江西作为万里茶道黄金路线的优势。

万里茶道共计约1.3万公里，经过200来座城市和集镇，其中，江西能成为重要的交通枢纽，是因为区位独特、江湖相连、航运发达、商贸集聚、茶产丰富等综合因素形成的，也是其他地方无法企及的。在《万里茶道全图》（2021年版）中，江西的铅山县、九江市，宁红茶区的修水县、武宁县、铜鼓县，瓷茶产区的浮梁县、景德镇市，都作为万里茶道节点城市标注其中。当我们唤醒对万里茶道的记忆时，也会重拾江西作为万里茶道重要枢纽的历史与文化，成为万里茶道重新焕发魅力与活力的有机组成部分。

在清代，江西还以多种形式关注全国茶叶，传播茶文化。清初著名的学者、诗人周亮工（1612—1672），是江西金溪人。在其所著《闽小记》中，对福建名茶、产地、制法及产茶历史记载颇详。

周亮工所作组诗《闽茶曲》10 首，在清初影响很大。按照周亮工的记载与描写，我们可以全面了解当时福建茶叶的状况、饮茶文化的风貌，以及古今茶叶生产与文化的继承和变化。

六、当代茶兴走天下

19世纪80年代后期开始，中国茶业日趋衰退。1920年，中国茶叶出口从清光绪十二年（1886）3亿磅的巨额，骤降为4000万余磅的最少额。民国期间，中国茶业备受多重摧残，1949年的中国茶园面积仅有15.3万公顷，茶叶产量4.1万吨，茶叶出口0.99万吨，处于历史最低水平。

中华人民共和国成立后，茶业生产跨入新时期。在前进的道路上，中国茶业虽然有过一些曲折，但奠定了相当的基础。特别是1978年中国实行改革开放以来，茶业发展速度加快。1966年开始，中国成为世界上茶树种植面积最大的国家；2004年开始，中国成为世界最大产茶国。至2012年，中国茶园面积、茶叶产量均位居世界第一，茶叶出口位居世界第二，已进入世界产茶大国之列。

改革开放的这些年，随着国家综合实力的不断增强，江西茶产业取得了举世瞩目的成果。

一是产业规模进一步增长。2020 年江西省茶园面积 190 万公顷，较“十二五”末期增长 49%；干毛茶总产量 8 万吨，增长 54%；一产产值 70.1 亿元，增长 57.4%。目前，全省有 91 个县（市、区）产茶，修水、婺源、浮梁、遂川等县进入全国茶业百强县。茶产业已成为江西实施精准扶贫和乡村振兴战略的优势产业。

二是茶叶品质进一步提升。大力推进有机肥替代化肥行动，推广茶园病虫害生态、物理、生物等绿色防控技术。2020 年，全省有机茶园面积 30 余万公顷，年均保持约 5% 的增长；婺源被授予“国家有机产品（茶叶）认定示范县”，婺源有机茶出口占全国有机茶出口的 60%，在国际市场中具有较强竞争优势。

三是品牌效应进一步释放。近几年来，通过省级品牌整合战略的实施，“四绿一红”5 个区域公用品牌被重点打造。2020 年，“四绿一红”品牌总价值 122.5 亿元，较“十二五”末期增长 95.5%，平均排名上升 7 位。

四是贸易流通进一步转好。内销外销双循环、线上线下齐发力，销售流通格局向好转变。2020 年全省茶叶出口额 8761.3 万美元，较“十二五”末期增长 90.8%，全国排名第五位。

改革开放以来，江西茶文化的优秀传统得以弘扬，顺应时代潮流的新兴茶文化得以创造与传播，茶文化发展进入新阶段，提升到新水平。在茶文化学科建设与研究、茶学与茶文化院校教育、茶艺人才的社会化培养、茶文化与茶产业有机融合、茶文化“走出去”与国际交流方面，江西都有出色的表现。例如：在茶文化学科建设与研究方面，江西省处于领先地位。从20世纪七八十年代起，江西省就有一批专家长期致力于茶文化研究，30多年前就提出了“中国茶文化学”，并在学科建设方面引领全国进行多方面的探讨与前瞻性的推进。江西省社会科学院曾经把中国茶文化作为重点学科进行建设，形成了合理的学术梯队，先后出版了一系列有影响的学术成果，被海内外专家学者关注。

20世纪八九十年代，江西率先在全国院校开设茶文化与茶艺课程，设立中专、大专学历茶艺专业，及设立“茶文化与文学”方向的硕士研究生点。此外，江西还为国家开放大学的茶文化与茶艺专业建设出力，主编了《中华茶艺》等系列教材，使全国的开放大学与网络教育受益。

20世纪90年代，江西就向国家提出设立茶艺师职业，由此“茶艺师”进入《中华人民共和国职业分类大典》。江西省茶文化专家于2002年、2018年两度承担并主持《茶艺师国家职业技能标准》的编制工作，主编了国家

《中华人民共和国分类职业大典》

《茶艺师》

职业技能等级鉴定教程《茶艺师》教材。江西不断挖掘自身独特的茶文化资源，增强了对海内外的吸引力和感染力。江西举行的多次茶文化国际性活动，利用诸如“天下第一泉”、佛教净土宗祖庭东林寺、“百丈清规”的禅林仪轨、“万里茶道第一镇”、唐代江西“浮梁买茶节”等文化活动，宁红、婺源绿茶、赣南擂茶的制茶技艺列入“人类非物质文化遗产代表作名录”，使江西著名茶叶产区与品牌得到更好的传播，增加名茶的美誉度，促进茶产业的发展。

如今，江西茶产业与茶文化正在展现新的生命，增添新的活力，不断提升与创造新的辉煌！

第二章 茶事兴盛

CHASHI

XINGSHENG

在两千来年的江西茶文化史上，茶叶事项丰富多彩，茶叶文化让人目不暇接。无论是作为物质载体的茶叶之乡，还是茶业发展的名茶品牌；无论是茶叶生产中的传统规则，还是茶商经营时的行走各地；无论是销售海内外的瓷器茶具，还是公益、便捷、惠民的茶亭设置，都是踏实肯干、公平守信、乐善好施的体现，都有朴素无华、情深义重、真切感人的魅力。

一、名茶之乡遍全境

看

听

在悠久的中国茶业历史中，产茶区域历来受到重视。茶业兴盛的唐朝，陆羽《茶经》中，就记录了江西“袁（今江西新余以西的袁水流域和萍乡市）、吉（今江西安福、永新和新干、泰和间的赣江流域等地）”两地属南方产茶的十一州之列。

现在流行的“茶区”概念，是指种植茶的区域。当代为了便于了解与统筹茶叶生产，把中国辽阔的茶产地，划分为三个级别的茶区：全国性划分，系一级茶区，用以宏观指导，有华南茶区、西南茶区、江南茶区、江北茶区。各产茶省（区）划分，系二级茶区，省区内进行生产指导。各地县划分，系三级茶区，具体指挥茶叶生产。

如今，江西的茶叶产地既延续了历史，又有新的发展，主要有四大茶区，即赣东北茶区、赣西茶区、赣中茶区和赣南茶区。具体产地和主要品牌是：

赣东北茶区的主要产地为德兴市、贵溪市、婺源县、浮梁县、乐平县、上饶县、铅山县、玉山县等，主要品牌为婺源绿茶、浮梁茶、上饶白眉、河口红茶等；

赣西茶区的主要产地为修水县、武宁县、铜鼓县、靖安县、都昌县、彭泽县、九江市濂溪区、九江市柴桑区等，主要品牌为宁红、庐山云雾、双井绿、铜鼓春韵、靖安白茶等；

《陆羽烹茶图》赵原 / 元代（台北故宫博物院藏）

赣中茶区的主要产地有遂川县、井冈山市、永新县、万安县、泰和县、资溪县、永丰县、进贤县等，主要品牌为遂川狗牯脑、井冈云雾、资溪白茶等；

赣南茶区的主要产地为上犹县、崇义县、宁都县、于都县、兴国县等，主要品牌为犹江绿月、崇义馨阳岭、宁都小布岩茶等。

根据当代茶区的划分，不难看出名茶之乡遍布江西全省的各个地方，包括历史名茶、现代名茶，也有当代新创制的名茶。

历史名茶的产生与形成，除了需要具备优越的自然条件、生态环境和精心采制加工外，往往还要具有一定的历史渊源和文化背景。宋代有紫笋、阳羡、日铸、谢源、黄龙、双井等六个极品名茶，江西就占据“半壁江山”，即婺源谢源、隆兴黄龙、双井三种。历史上的名茶，唐代洪州有西山白露（《唐国史补》）、宋代有双井茶、婺源茶（《大观茶记》）、元代有虔州泥片茶、袁州金片茶（今江西宜春）、明代有袁州云脚茶、洪州白露茶等。同时，庐山云雾、宁红茶、婺源茗眉、大鄣山云雾茶、狗牯脑茶、井冈翠绿、南城麻姑茶、宁都布岩茶、翠微金精茶、吉安龙舞茶、上犹梅岭毛尖、丰城周打铁茶、高安瑞州黄檗茶、永修攒林茶、宜丰黄檗茶、石城通天岩茶、玉山三清云雾茶等，都有相当的知名度。江西的历史名茶，有三个主要特点：

一是作为名茶的持续时间很长，得到各个历史时期的

江西茶业交易服务中心展示厅一角

赞誉。例如，西山白露就是如此。西山白露，又称西山茶、洪州白露，产地在南昌市郊的西山山麓。之所以用“白露”冠茶名，是对于茶叶外观特征的形象描写。因为西山白露形如兰蕙，色泽翠绿，白毫显露，颇似露凝，十分可人。冲泡后，西山白露汤色明亮，温香如兰，口感纯正，唇齿留香，回味无穷。先秦之际，中国最早的诗集《诗经》有句：“蒹葭苍苍，白露为霜。”好一幅秋景河畔图！白露时节，结束暑热，天气转凉，夜间草木，寒生露凝。古人以四时配五行，秋属金，金色白，以白形容秋露，故名“白露”。而有的误认为“白露”是指采摘时节，并不正确。白露是入秋后第三个节气，在每年9月7日至9月8日之时。如以采摘在白露时节，当为秋茶，与西山白露特征不符。

西山白露早在唐代便已风行，历朝历代赞誉不绝。史学家李肇在《唐国史补·叙诸茶品目》中，把“洪州有西山之白露”列为天下十大名茶之一。“洪州白露”为贡茶一事，在《新唐书·地理志》则有记载。当时的贡茶地区，共有16个郡，包括今湖北、四川、陕西、江苏、浙江、福建、江西等，而“洪州白露”即为贡茶。五代毛文锡《茶谱》（935年前后）记载：“洪州西山白露鹤岭茶，号绝品。”北宋文学家吴淑（947—1002）《茶赋》历数茶之功效、典故和茶中珍品，开篇写道：“夫其涤烦疗渴，换骨轻身。茶荈之利，其功若神。则有渠江薄片，西山白露，云垂绿脚，香浮碧乳。挹此霜华，却兹烦暑。清文既傅于杜育，精思亦闻于陆羽。”另外，引作“洪州西山白露及鹤岭茶极妙”。

明天启二年（1622），全国各州年产茶量超过100万斤的地区有7处，隆兴府（今江西南昌）即其中之一。隆兴府产茶达281万斤，主要指“洪州白露”。除了产茶量突出，西山茶的制作技术精湛，《归田录》称赞：隆兴府“白茅渐盛，近岁制作尤精……其品远出日注之上，逐为草茶第一”。当时制茶技术领先的，在江西有两处，一是洪州（南昌），一是双井（修水）。

到了清代，西山白露盛名依然。《大清一统志》载：“双井茶芽亦佳。”清乾隆五十四年（1789）《南昌府志》云：“洪州西山白露、鹤岭茶，号为绝品，以紫清、香城者为最。”可见，西山白露被视为极品，历来认同。

二是与茶禅文化关系密切，具有厚重的历史积淀。江西名茶与茶禅文化关系密切，历史积淀深厚，自然是情理之中。“自古名山僧占多”“自古高山出好茶”。江西名山大川的茶叶，大多与茶禅文化有关联，现仅举两例：

攒林茶，又名“攒林云尖”，俗呼“云雾尖”，产于“云山绿苍苍，秀雾白茫茫，满山皆青翠，遍野是茶香”的永修县云居山中。云居山真如禅寺始建于元和年间（806—810），是禅宗五宗之一曹洞宗祖庭。真如禅寺历来践行“农禅并重”寺风，早在宋朝时，住持法如禅师就提倡，“披侧立于峰外，引水浇蔬五老前”。

“云雾尖”南宋时就列为贡品，相传清朝康熙、乾隆皇帝都曾作长寿珍品。清光绪三十二年（1906），《建昌乡土志》记载：“攒林茶俗名云雾茶，此茶不由人莳，产于林木中，吸取精华，饱食云雾。山人

攒林茶

披荆采之始得，色香味皆佳，常州阳羡、浙江龙井、君山银针无以过焉！”攒林茶源于自然，常州阳羡、浙江龙井茶和湖南君山银针茶不分伯仲，品质卓越。20世纪40年代初，云居山真如禅寺又辟土植茶70余公顷，被佛门视为珍宝，传为美谈。

黄檗茶，产自位于江西宜丰县黄檗村境内的禅宗临济宗祖庭圣地黄檗山。黄檗山原名“鹫峰”，因曾有西域僧人住此，见山形如天竺鹫岭，故得此名，并建鹫峰寺。开成年间（836—840），希运禅师（？—855）驻锡鹫峰。为纪念家乡黄檗山，将鹫峰改名为黄檗山，寺易为“黄檗寺”。希运在此倡立“无心”说，共弘法理，创立临济，广扬中外，山名蜚声天下，名盖福建黄檗，形成道场塔林、峡谷飞瀑、清泉幽径、奇石险峰、古木香茶六大景观。

黄檗茶历史悠久，昔时寺僧园户开荒种茶，设立茶园。黄檗茶品质卓绝，具有“形美、色碧、香高、味醇”等特点，号称“中州绝品”。据《瑞州府志》记载，远在唐代，黄檗茶已做贡品，与禅宗融为一体，茶禅一味。北宋朱彧《萍州可谈》书于北宋宣和元年（1119），有“江西瑞州黄檗茶，号称绝品”的记载。北宋文学家、“唐宋八大家”之一的苏辙（1039—1112）贬谪筠州（瑞州）时，写有《咏前寺茶花》诗：

黄檗春芽大麦粗，倾山倒谷采无余。
只疑残枿阳和尽，尚有幽花霰雪初。
耿耿清香崖菊淡，依依秀色岭梅如。
经冬结子犹堪种，一亩荒园试为锄。

黄檗春芽，仅似大麦粒，显见幼嫩、细小。采摘时，倾山倒谷，幼芽几无。诗人担心，茶树养分耗尽，元气大伤，无力繁育。谁料寒雪初起，还能开放茶花。此花清香如崖菊，秀色如岭梅。经过冬天，结下茶籽，又可播种，再长茶树。此诗可见，宋代黄檗茶育种、栽培、采制概貌。

元、明两代，黄檗茶亦为贡品。清代至民国，逐渐衰落，几临绝境，近几年得以恢复和发展。其茶外形挺秀多毫，香气清高，汤色明净，滋味醇厚，叶片嫩绿明亮，展现独特风味。历经千年，黄檗茶依然牵引无数茶客，品茗开悟，洗心去尘。

宁红茶

三是品牌创制很早，却又不断与时俱进。

红茶创制，是先有“正山小种”“河红”，次有“宁红”，再有“浮红”，后有“祁红”。也就是，红茶发源于武夷山区（今福建武夷山和江西上饶铅山县），然后传到宁红茶区（今江西九江修水县、武宁县，宜春铜鼓县），又传到江西浮梁县和安徽东至县，最后传到安徽省祁门。故“当代茶圣”吴觉农说：“宁红是历史上最早支派，宁红早于祁红九十年，先有宁红茶，后有祁红。”

宁红茶历史文化厚重，五代时，毛文锡《茶谱》记载：“洪州双井白芽，制造极精”“武宁严阳茶，双井茶相亚，为草茶第一”。欧阳修在《归田录》

中记载："其品（双井茶）远在日注上，遂为草茶第一。"古时义宁州，所产红茶称"宁州红茶"，简称"宁红"。历史上，修水、武宁、铜鼓同为一县，故三县红茶均称"宁红"。周边湖南省平江县金龙、长寿等区和浏阳市白沙区气候环境相似，所产茶叶品质相近，故宁红茶产地包括这些区域。

宁红茶创制不久就闻名遐迩，据史志记载：道光年间（1821—1850）至光绪年间（1875—1908），修水茶事极盛，皆为宁红茶。其时，有本客两帮茶庄 100 多家，其中广帮 10 家、徽帮 30 家、晋帮、本帮及杂帮 60 多家。宁红茶在国内各地销售，清末民初达到顶峰。1892 年至 1894 年修水每年出口宁红茶 30 万箱给俄商，占江西出口茶叶的 80%；宁红茶在国际茶叶市场盛销，每年输出 30 万箱（每箱 25 公斤）。清光绪三十二年（1906），汉口俄商新泰、顺丰、阜昌三洋行在义宁州（修水）设立分行，采购宁红茶及花香 17 万多担（新泰 6 万担、顺丰 8 万担、阜昌 3 万担），以后每年也在此范围。清光绪三十年（1904），宁红更是输出达 30 万担。宁红茶的销售，主要是以外销俄国为主，次为东南亚。其时，宁红茶在九江、汉口、上海、香港茶市和口岸，有"宁红不到庄，茶叶不开箱"的崇高行业地位。

1915 年，美国旧金山巴拿马太平洋万国博览会上，宁红茶获得最高奖"甲级大奖章"。当年，设立了六个等级奖，即甲级大奖章、乙级荣誉奖、丙级金奖、丁级银奖、戊级铜奖和巳级奖词。

即使如此辉煌，宁红茶也没有停止前行的步伐。1915年，由粤商唐吉轩、陈翊周、陈玉麒等合资创建“宁茶振植有限公司”，从英国引进购办新式克虏伯揉捻机、干燥机等，这是江西第一个国内外资企业。1917年，苏联茶商莫克明与武宁茶商联合创办茶厂，地址设在武宁县的伊山口，这是茶界第一个外资企业。莫克明运来20部制茶机械，首次在武宁推行机械制茶。这两个第一，体现了宁红茶的开放和开拓。

二、茶叶生产有规则

在历史上，江西茶叶的生产与当时的民间认知和科技水平密切相关。但是，茶叶生产还是形成了有利于茶业发展的规则。如今，有的也许被视为陈规陋习，却真实反映了农耕时代茶业生产的景象和淳风厚俗，展示出富有江南特色的传统活动和风俗行为。

“平地有好花，高山有好茶”，“高山云雾出名茶”，民间朴实的语言，说出了茶叶种植地方选择的道理。茶树喜温、喜湿、喜漫射光，要求生长在一定的海拔高度，一定的植被和温湿度条件下。茶园坡度不宜太大，一般要求30度以下。茶园的朝向，宋徽宗认为茶树栽培必须“植产之地，崖必阳，圃必阴”“阴阳相济，则茶之滋长得其宜”。江西地形以江南丘陵、山地为主，盆地、山谷广布，略带鄱阳湖平原，土壤多呈酸性；气候属亚热带温暖湿润的季风气候，年均温约16.3摄氏度至19.5摄氏度；年降水量1341毫米至1943毫米。江西的茶区，都处于这样宜茶之地，体现出古代茶农的理性与智慧。

种茶的季节，一般是在农历正月、二月。茶苗种植3年以后，方可采摘茶青，太早采收将影响以后的收成。一般以五年大量采摘为宜，“三年破丫五年摘”“三年桐子五年茶”。适当的采摘，有益于提高茶叶的收成。若是留着茶叶不采，反而不利于茶树生长，“会采年年采，不会一年光”“头茶不采，二采不发”。采茶时还讲究留一手，有益于茶树的生长，“春茶留一丫，夏茶发一把”。

茶树施肥，影响茶树生长与制成茶叶的品质颇大。“茶树不怕采，只要肥料足”“茶树本是神仙草，只要肥多采不了”。民间谚语，说明了茶树科学、适当施肥的实践。茶园土壤性质，茶树生长态势，制作茶叶种类，肥料种类选择，肥料配合方法、施肥分量周期等，茶农都非常讲究。传统的茶园施肥，主要是将栏粪或者田间地头杂草树叶及蒿秆等耕作时深埋于茶蔸周围，成为生态的有机肥料。

茶园还要适当地深翻土壤才能使茶树茁壮成长。“秋冬茶园挖得深，胜于拿锄挖黄金。”江西茶叶林地通常每年翻垦两次，第一次是在春茶萌芽之前，第二次在夏秋之交。吉安一带有“七挖金，八挖银，九冬十月了了情”的说法。茶园深翻土壤，增加蓄水容量，提高抗旱能力，有利促进茶树生长发育。

江西作为重要产茶区，在唐代已经“绿丛遍山野，户户飘茶香”。采摘茶叶十分讲究季节，茶谚反复强调：“前三天是宝，后三天是草”“清明早，立夏迟，谷雨前后最适时”“立夏茶，夜夜老，小满过后茶变草”。这些实践经验，与现代提倡的“适时采摘”是一致的。从整体上来看，采茶过早，茶芽头小，影响收成；采茶太迟，茶叶过老，又要影响质量。江西采茶，一年三次，春茶采于谷雨前后；夏茶采于小满芒种之间；秋茶采于八、九月。每到采茶季节，尤其是采春茶时，茶农皆举家出动，起早摸黑地突击采摘。春、夏、秋三季茶叶各有千秋，婺源等地有“春茶甜、夏茶苦、秋茶味道赛过酒”的说法。但由于秋茶产量太低，茶农往往不愿采，因而出现“秋茶虽好无人采”的现象。茶农采茶时爱唱茶歌，有姐妹齐唱，有男女唱和，气氛非常活跃。修水茶农概括的采茶要诀是“采得快，采得好，留鱼叶不捡脚，老茶嫩茶分采分放，幼龄茶树注重养蓬”。江西茶叶科研部门还总结出采面养底、采高养低、采大养小、采中养侧、采密养稀的“五采五养”法，已在全省各茶区普遍推广，习以为俗。

由于茶区之间气候条件殊别，江西各地采摘时间也往往因地制宜。例如鄱阳“谷雨前，环村妇女采取茶苗，谷雨后，携篮复采”（道光《鄱阳县志》）。泸溪县（今资溪县）则是“摘茶以四月为头春，五月为二春，八月为三春，时候不一，而多寡亦殊”（同治《泸溪县志》）。所谓“三春”之说，也就是指春、夏、秋三个不同季节采摘的茶叶。春茶之中，“谷

抚州资溪县

雨前茶，沁人齿牙”，而夏、秋两季采的茶比较一般。所以，广信府（今江西上饶）的习惯是“三月清明前采笋为上春，清明后采芽为二春，四月以后茶叶则不入”。对于四月以后的茶叶，就不感兴趣了。而且，把嫩芽初进、似同笋尖的清明前采的茶称为“上春茶”，把茶芽稍长，形状似枪的清明后采的茶称为“二春茶”。很显然，广信府和泸溪县的“二春”时间是不一样的，茶叶的质量也有很大差别。同时，广信府对茶叶的采制还有其他的讲究：“凌露而采，出膏者光，含膏者皱；宿制者黑，日成者黄；早取为茶，晚取为茗；紫者上，绿者次。”正是这些烦琐的习俗，使这块地方曾出产过周山茶、白水团茶、小龙凤团茶等颇有影响的名茶。

茶叶制作有许多道复杂的工序，不同的茶叶种类有着不同的加工方法。江西各地茶农在制作茶叶时，有着独特的工艺，还有着丰富的习俗。譬如，资溪县的制茶方法：“三月谷雨前，采最嫩者一叶一枪，摊干为白毫。谷雨后叶渐粗，号造作青庄、红庄二种。青者用锅烧热，入叶烧之，乘热搓揉，炭火焙干，泡色淡而香，味较胜。红者用篾垫曝太阳中，即搓挪成条，晒干，泡汁深红，可以货卖。”（同治《泸溪县志》）“道光间，宁茶名益著，种莳殆遍乡村，制法有青茶、红茶、乌龙、白毫、花香、茶砖各种。”（《义宁州志》）在“茶甲中华，价压天下”的“宁红”茶乡产地之一的武宁县，有首《竹枝词》描述了当时采茶、制茶的情景。

女伴相邀涉水涯，提筐先说采新茶。
夜来贮得烘笼满，处处当炉制雪芽。

这首诗词写出了采茶、制茶时的欢欣，也写出了其间的忙碌和艰辛。

江西除茶叶生产良俗外，也存在着各种各样的陋习：“居人将土茶用黄柏等物浸渍，令色味黄苦，伪为闽茶易之，实易辨。然粤中某县，又惯用此茶，岁必市去，又可异也。”（崇祯《清江县志》）可见，自古以来就有制造假货者，而其之所以得逞，原因之一就是因为有嗜好者和购买者。又如：“若采茶，以精行俭德之人，毋以妇人鸡犬到山，乃为清明。”（道光《铅山县志》）采茶时不许妇人到山，则是因其被视为不洁之物。

茶叶制作好以后，还要经过起名、贮藏等环节，才能够获得经济效益。茶名要蕴含该茶丰富的信息，又要雅致清丽，还要鲜明易记。如江西等地的眉茶，细小弯曲如眉毛，称谓源于茶之外形。又如庐山云雾茶，主要茶区在海拔 800 米以上的含鄱口、五老峰、大汉阳峰、小天池、仙人洞等地，常见云雾蒸腾，云海茫茫，庐山名山与云雾名茶，珠联璧合，相得益彰。

眉茶

茶具

茶叶在通常的环境里，极易吸潮，茶质变陈，甚至变味。江西储藏茶叶有特别讲究，在注重器具实用性的同时，还讲究贮藏器具的美观性。如把茶放到茶焙中复烘后，用箬笼或其他容器收藏。对于散条形茶，选择可装一二十斤茶的大瓷罐，底部及四周衬上一层箬叶，把茶叶放上，在空余处塞满箬叶，再把瓮口封紧。还有的采用简便易行的方式，把贮茶器皿放于桶中，四周用草木灰填紧。上述贮茶方法，多用于大量茶叶的长期保存。日常饮用的茶叶，则选择较小的容器存放，如瓷器罐、锡茶罐等，富贵人家则喜用银盒装茶。这些贮茶之具，既是实用的物器，也是可以玩赏不已的艺术佳品。随着科学的发展，传统的贮茶方式渐渐为现代的包装技术所代替。

三、江右茶商闯南北

“江右商帮”是历史上对赣商的称谓，曾经称雄中华工商业900多年，鼎盛时期活跃的地域广布全国，是中国古代十大商帮之一。其中，以经营茶叶为主的商人，因以江右人为认同，讲究贾德著称，被归为“江右茶商”。

江西处于交通广联、通江达海、枢纽东西南北的中心位置。唐代以来，江西以鄱阳湖为中枢，构成完整的放射性水陆交通网。从鄱阳湖入各大河流及其重要支流可到江西境内各州；由其河流与周边的关口隘道联系，可进入江西周边各个地区；江州—鄱阳湖—赣江—大庾岭一线，贯穿南北，直抵南岭以南、南海之滨；从鄱阳湖—长江上中下游及干支流，成为东西通途，连接东南沿海；由长江折转京杭大运河，又有一条南北水路，深入全国各市镇的经商大通道。便捷的交通，盛产的名茶，催生了活跃于全国各地的江右茶商。历经唐宋至明清，江右茶商形成了具有地域商帮特色的经营方式、经营模式和经营风格，在江西乃至全国经济发展史中都扮演了不可或缺的角色。

自有茶叶交易，即产生了江右茶商。江右茶商经历了由小商小贩发展成私商、官商，由各自单独经营聚合成商帮经营的发展过程。初始阶段，江右茶商多为生计所迫，自有资本较少，渐渐规模变大，资金来源多元：有的借贷经营，迅速完成原始积累；合家、合族资本，家族式经营，共同发展致富；也有的同乡出股联手，合伙经营，体现出浓厚的地域商帮特色。唐宋时期，茶叶市场体系形成，茶商资本不断膨胀，江右茶商迅速崛起并成为一支专业的商人队伍。

江右茶商个体形式主要有茶号、茶行、茶庄、茶栈。茶号，即从茶农手中收购毛茶后进行精加工；茶行，即代茶号买卖，以提佣为生；茶庄，主要经营内销茶；茶栈，设在外销口岸，主要是向茶号贷放茶银，介绍茶叶买卖，从中收取手续费。明代以前，茶商之间虽有联合，但多是“各自为战”，没有出现商人群体，即有“商”无“帮”。明中期以后，由于茶叶流通范围扩大，商人地位提高，茶商队伍扩大，商业竞争激烈，出现了以地域为中心，以血缘乡谊为纽带，以互帮互助为宗旨，以会馆公所为联络议所的既“亲密”又松散的自发商人群体，完成了江右茶商商帮的转型。

唐代以来，经营茶叶是由贫困致富的途径之一。历史上不乏此类记载："胡德礼，字步青，婺之高安人……少家贫，稍长念父家累难支，请往景德镇学瓷工，比及三年，工货函寄供养，嗣父召归襄理茶务，渐臻小康。"唐人罗隐说，江西鄱阳县安仁里细民吕用之的父亲吕璜"以货茗为业，来往于淮浙江，时四方无事，广陵为歌钟之地，富商大贾，动逾百数"。宋代荆湖南北、江西路茶，同样"皆系巨客兴贩"。吕璜是当时专门将淮南地区（包括江西）的茶叶长途贩运至荆南进行贸易的富商大贾。

素有"唐载茶经、宋称绝品、明清入贡、中外驰名"美誉的江西，作为茶叶的主要产销地，随处可见茶商的身影。"太和中，以婺源、浮梁、祁门、德兴四县，茶货实多。"江口（九江）、浮梁是茶商会聚之地，浮梁盛时出现"浮梁歙州，万国来求"的盛况。宋代朱翌说："是唐之茶商，多在浮梁也。"据《九江县志》记载，清光绪七年（1881）九江有茶行252家，次年增至344家，最有名的是来自德化县的裕泰恒茶庄张正荣。《浮梁县志》记载，清宣统三年（1911），境内茶叶商号约有200户，最有名的茶商是江资甫与他的天祥茶号。光绪年间（1875—1908），"河口镇开设茶庄四十八家"，素有"买不尽的汉口，装不尽的河口"之谣。以盛产武夷茶著称的建宁府为例，茶农茶商几乎都是江西人。每年早春二月，总有数十万江西人来到这里，筐盈于山，担接于道。

在茶叶交易中，茶号起了重要作用。茶号老板将自己生产的毛茶或采购于附近乡里农户的毛茶，通过制茶工序，即成商品绿茶，再装以锡罐，套以木箱，外用箬皮竹篓包装，出口外销。为了新茶赶行情，抢“利市”，茶号在每批茶加工结束拼堆时，都要杀猪饮酒，隆重庆贺，鼓励茶工加快速度。茶号的组织形式比较简单，一般设经理、掌号、会计各一人，水客若干人，即可百事俱举。

茶号不仅进行茶叶精加工，更重要的是进行茶叶贸易。婺源茶商早在唐代开始应运而生，明代时经商已成为婺人靡然从之的社会风尚。到了清代，婺源茶商更是扩大“业此项绿茶生意者，系徽州婺源人居多，其茶亦俱由本山所出”（《通商各关华洋贸易总册》卷下）。1934 年，婺源县内有茶号、茶庄 178 家。1940 年，有茶号、茶庄 183 家。到 1941 年，婺源县内茶号、茶庄发展到 243 家。婺源茶商经营的主要地区，有广东、浙江、江苏、湖北、江西、安徽等省，最主要的是在上海，经济力量相当雄厚，规模也颇为宏大，甚至有的远达海外，从事茶叶贩运活动。

不仅在婺源，江西一些茶叶主产区都具有特色鲜明的茶叶经贸习俗。像出产宁红的修水，兴盛时期的茶庄分本客两帮，总共有 100 余家。这些帮别不一样的茶庄，其中有广帮 10 余家，徽帮 10 余家，本帮及杂帮 60 余家。此外，还有俄商设立的新泰、顺丰、阜昌等洋行分行 3 家，采办红茶和花茶运销海外。在一段时间内，对于外商采取了抵制的方式："每岁春夏，客商麇集，西洋人亦时至，但非我族类，道路以目，留数日辄去。"（同治《义宁州志》）

唐宝历二年（826），唐代著名诗人白居易《琵琶行》除了如实记载浮梁是茶叶集散地之外，还透露了江右茶商三方面的信息：一是茶商不受家室之累，毅然外出经商；二是曾经红极一时的琵琶女嫁给茶商，可见茶商财力雄厚；三是浮梁成为茶叶集散地，还因为这一带地方"风俗淳雅"而"甲于江右"。这种淳雅的风俗，已使江右茶商在茶叶买卖中自然而然形成了一种公平公正的经贸作风。

虽然商人逐利是天经地义之事，但江右茶商经营有典型的行商风格，不纯求利，不以次充优，以假冒真，不取不义之财，而是讲究信誉，注重道德，高风亮节，令人钦敬。清代江右茶商朱文炽在广东经营茶叶生意，每当待售新茶过期后，他总是不听别人的劝阻，注明"陈茶"二字以示不欺。在广东从商二十余年，他亏损本银数万两，却全无怨悔。

1991年在婺源县清华镇洪村发现的一块清道光四年（1824）所刻立的"公议茶规"石碑，再一次证明了浮梁、婺源一带自古以来茶叶买卖时存在着良风淳俗。这块"公议茶规"碑长130厘米，宽60

上饶婺源县公议茶规石碑

厘米，镶嵌在洪村祠堂墙中，碑文记载了当时全村茶农就茶叶流通所制定的村规民约。石碑原文是：

阖村公议，演戏勒石，钉公秤两把，硬钉贰拾两。凡买松萝茶客入村，任客投主，入祠校秤，一字平称，货价高低公品公卖，务要前后如一。凡主家买卖客，毋不得私背卖。如有背卖，查出罚通宵戏一台，银五两入祠，绝不徇情轻贷，倘有强横不遵者，仍要倍罚无异。买茶客入村后，银色言明，开秤无论好歹，俱要扫收，不能蒂存。茶称时，明除净退，并无袋位。茶买齐先总银，后发茶行，不得私发。公秤两把，递年交值年乡约收执，卖茶之日交众，如有失落约要赔出。道光四年五月初一日，裕堂衿耆约保仝立。

这种村规民约，在当时的条件下促进了茶叶的买卖。在经营中，以诚待人，以信接物，以义为利，仁心为质，成为江右茶商的底色。

由于江西崇儒重道、儒风鼎盛，这种社会环境熏陶出来的江右茶商，不仅讲究商业道德，而且由经商逐利向修德为善作为追求，大多疏财行义，急公好施，贾而好儒，耕读传家。江右茶商左成宪贩茶叶数年致巨富，以 40 万两以上白银重修贵州石阡万寿宫，为往来江右商人提供方便。石阡万寿宫，布局之严谨，工程之宏伟，构思之奇特，设计之精巧，建筑之考究，名列省内同类建筑榜首。江右茶商的善举，不仅成为一时美谈，还留下历史瑰宝。2001 年 6 月 25 日，石阡万寿宫被国务院批准列为全国重点文物保护单位。浮梁茶商江资甫仗义疏财，急公好施，慷慨大方，

铜仁石阡县万寿宫

为家乡做过不少贡献。清光绪十年（1884），捐巨款建立北斗书院，发展地方教育，造福当地子民；中洲大桥年久失修，常被冲塌，他捐款修葺，方便路人出行。祖籍婺源的詹天佑，出生于一个普通茶商家庭。由于长辈的鼓励和支持，詹天佑好学上进，出洋留学，学成归来，为国效力，成为“中国铁路之父”。这样贾而好儒，耕读传家，秉承江西自古文章节义之邦习儒之风者，并非个例。

如今，江西茶商翻开了历史新的一页，江西生态、优质、健康的茶叶，已经行销世界。江右茶商的优良传统，也在发扬光大。

四、茶具享誉海内外

“茶滋于水，水藉于器”“器具精洁，茶愈为之生色”，古人之论，言简意赅地阐释了茶、水、器的关系。“水为茶之母，器为茶之父”，则是民间对于水与器作为茶的色香味体现者的价值。作为孕育、盛载茶的物品，茶器具是鉴赏和品饮茶汤的媒介，起着不可忽视的作用。

正因如此，唐代陆羽《茶经》辟专章论述茶器具，记载当时的茶器具达28种之多。宋代《茶录》和明代《茶谱》谈及“煎茶四要”“点茶三要”，也把茶具列为一要。茶具是茶进入文化的关键性载体之一。自古至今，江西的茶具之制和茶具之用一直享誉海内外。

古代茶具就用途而言，大致可分为贮茶器、烹煮器、饮茶器等类。当时，富豪显宦之家选用贵重的金银制作，但流行最广泛的还是陶瓷质地的茶具。江西有悠久的茶叶和陶瓷生产历史，两者互相辉映，互相促进。

在距今近2000年的东汉之际，虽然用途专一的茶具极为少见，但江西考古发掘的东汉墓葬中，就出土了用于贮茶的青瓷四系罐、煮茶的陶炉、饮茶的青瓷钵。三国墓葬中，出土了烹茶的陶炉、研茶的陶臼、烹茶时盛汤的铜鍑。在晋代墓葬中，出土了青瓷盖盒、青瓷镂孔罐、青瓷鍑、青瓷鐎斗。在南朝墓葬中，出土了青瓷盏、青瓷托盏、铜罐、铜盒、铜匙。唐代墓葬中，出土了白瓷盏、铜鍑、青瓷盒。宋代墓葬出土的茶具种类最为丰富，有铜炉、铜注壶、铁筴、银匙、银则、鼓钉纹瓷罐、青白釉托盏、青白釉盏、黑釉木叶纹盏、黑釉贴花双凤纹盏、黑釉油滴斑纹盏等。这些出土的古代茶具，既可考见我国茶具的演进变化，又可显现在不同历史时期江西地区对各种茶具的嗜好。

江西是中国的陶瓷故乡，特别是景德镇瓷器历史悠久，“新平冶陶，始于汉世”“盖陶至唐而盛，始有窑名也”（《景德镇陶录》）。早在唐朝就有大批名瓷、酒器和茶具从江西运往京都，“豫章郡船即名瓷、酒器、茶釜、茶铛、茶碗”（《唐书·韦坚传》）。稍后，陆羽撰述《茶经》记江西“洪州窑”，为当时全国著名的六大青瓷名窑之一，盛产名瓷和茶具。中华人民共和国成立后的陶瓷考古资料表明，丰城的洪州窑、赣州的七里镇窑、吉安的吉州窑以及景德镇窑等，都是当时著名的产瓷窑场，生产了大量的精美茶具。其中的佼佼者，当数吉州窑的黑釉茶具及景德镇的陶瓷茶具。

宋代吉州窑黑釉木叶贴花盏

江西景德镇，集天下名窑之大成，汇全国技艺之精华，成为世界闻名的“千年瓷都”。北宋时，景德窑生产的瓷器质薄光润，白里泛青，雅致悦目，并有影青刻花、印花和褐色点彩装饰，“天下共宝之”。宋真宗时命景德镇供御瓷器，并要求底款打上“景德年制”款。由于皇帝喜爱，以至于“当时则效，著行海内，天下咸知景德镇”，可以说，影青瓷是为其生产地赢得皇帝年号命名城市之称殊荣的瓷器。这些瓷器中，茶具占有相当大的比重。

南宋时，景德镇湖田窑成功地制成了褐黄、天蓝、微青细条纹的所谓兔毫盏。到元代，景德镇因烧制青花瓷而闻名于世。淡雅滋润的青花瓷茶具，不仅为国内所共珍，而且还远销国外。明代景德镇成为全国制瓷中心，又先后创造各种彩瓷，产品造型小巧，胎质细腻，彩色鲜丽，画意生动，当时“成杯一双，值十万钱”（《帝京景物略》）。清代制瓷技术又有不少创新，使“白如玉、薄如纸、明如镜、声如磬”的特点更加发扬光大。清代王世性曾在《广志绎》中记载：“（这里的瓷器）遍中国，以至海外彝方，凡舟车所到，无非饶器（景德镇古代属于饶州，饶器则是指饶州出的瓷器）。”当时，络绎不绝的国外商人，把景德镇精美的瓷器运出海港，景德镇因之而扬名世界。

茶具的演变与发展，与不同历史时期的茶叶种类、品饮方式、审美情趣密切相关。唐代之前，陶瓷茶具以江浙一带盛产的越窑青瓷与河北生产的白釉邢窑瓷两大窑系为代表。唐代以来，茶具逐渐艺术化、文人化、审美化。唐代茶具以古朴典雅为特色，宋代茶具以富丽堂皇称奇。到了宋代，由于斗茶风行，色胜白雪的茶汤与黑釉茶盏形成鲜明对比，因而茶人崇尚较大的黑釉兔毫茶盏。于是，江西吉州窑的黑釉茶盏和福建建阳窑茶盏才取代“南青北白”的主流地位。

宋人斗茶，对茶色要求极高，汤贵纯白，为便观色，茶具尚黑，致使黑瓷窑场蜂起。在宋代烧制

《斗茶图》唐寅 / 明代（台北故宫博物院藏）

黑釉茶盏的窑场中，江西吉州窑是重要的一座。据元末明初刊本的《东昌志》记载："至五代时，民聚其地，耕且陶焉。由是井落圩市，祠庙寺观始创。周显德初，谓之高唐乡临江里磁窑团，有团军住之。及宋复盛，景德中为镇市，制监镇，司掌磁窑烟火事，辟坊巷六街三市。时海宇清宁，附而居者数千家。"据此可知，吉州窑创烧于五代而兴于宋，在南宋更形成了规模极大的民间窑场。

由于吉州窑当地瓷土高铝高钾高钛量，因而白度不高，白中泛黄。为掩饰胎色不足，吉州窑工巧妙利用一系列独具特色的釉彩装饰技术，运用丰富的装饰手段，烧制出物美价廉的各种器皿。其中，主要有木叶、剪纸贴花、玳瑁、窑变花釉以及剔花、绘花等，而木叶、剪纸贴花最具特色，独特纹饰深受茶人喜爱。在吉州窑变化多端的釉色装饰中，最具有独创性的当数独具特色的"天目釉"。

"吉州天目"中，茶盏名品众多，木叶天目即为其代表作之一。其多为宋代典型的斗笠碗，口大，足小，敞口浅腹。斗茶时搅动茶水，观察茶色，叶子纹理随着茶水注入，芳香飘溢诱发茶人的缕缕思绪。想着象征觉悟与智慧的菩提树，使人们在涤尘祛烦的境界中感悟生命与自然的美好。玳瑁纹也是吉州天目的代表之一，玳瑁就像龟的甲壳，浑然天成，再现自然神韵。鹧鸪纹就是鹧鸪颈上的斑点，五彩缤纷，鲜艳夺目，北宋著名诗僧惠洪有句："点茶三味须饶汝，鹧鸪斑中吸春露。"兔毫茶盏，其口较小腹深，盏体饱满端庄，外壁釉色凝重，与内壁放射状兔毫相映成趣，兔毛细长柔嫩，并带有细点光亮，十分精美。宋徽宗称之曰："盏以青黑为贵，兔毫为上。"宋代诗人也有不少咏兔毫盏之作，如杨万里诗云"鹧斑碗面云萦字，兔褐瓯心雪作泓"；黄庭坚云"兔毫金丝宝碗，松风蟹眼新汤"；蔡襄诗曰"兔毫紫瓯新，蟹眼清泉煮"。吉州窑还有一项创新，就是把民间剪纸的实物，直接运用于陶瓷生产的过程中。吉州窑独创的黑釉剪纸贴花工艺，使得瓷器釉面上酱黑色剪纸因色泽的流动显得生动自然，画面构成不拘一格，因器布局，纹样多样。

到了明代，瀹饮法的普及，促使饮茶器皿也发生了变化。当时流行饮用散茶，茶人们讲究细心啜饮，慢慢品味，各类玲珑小巧的陶瓷茶具受到喜爱。茶具发展走向返璞归真、崇尚简洁，精致灵巧的瓷质、陶质茶具成为一时风尚。茶具制作出现了繁荣景象，

宋代建阳窑黑釉兔毫盏

各类精美陶瓷茶壶应运而生。明清时期，“景瓷宜陶”，成为茶具中的双璧。也就是江西景德镇的陶瓷茶器、江苏宜兴出产的紫砂壶，引领风骚，成为首选。这种势头，延续至今。

明代茶具，就具体器物而言，与前代则大相径庭。明人对于茶盏釉色的要求，张谦德《茶经》言：“蔡君谟《茶录》云：‘茶色白，宜黑盏。建安所造者绀黑，纹如兔毫，其坯微厚，熁之久，热难冷，最为妥用。出他处者，火薄或色紫，皆不及也。其青白盏，斗试家之不用。’”具体茶具选择，张氏只是一家之言。究竟何种颜色茶具符合瀹饮法需要呢？多数茶书作者认为，茶盏以纯白为佳。例如，屠隆《茶说》：“室庙时有茶盏，料精式雅，质厚难冷，莹白如玉，可试茶色，最为要用。”许次纾《茶疏》：“茶瓯。古取建窑兔毛花者，亦斗碾茶用之宜耳。其在今日，纯白为佳，兼贵于小。”绿色的茶汤，在雪白的茶盏的映衬下，更显清新雅致，煞是赏心悦目。

明代茶具的另一个特色，是茶壶的出现和迅速发展。茶壶在唐宋时被称为“注子”和“执壶”，但那时一般是用来煎水煮茶的，并不是专门用来泡茶的茶壶。迄至明代，由于饮茶方式变化和陶

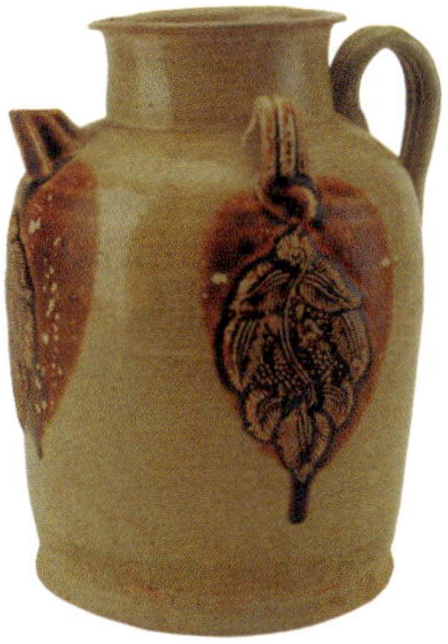

唐代长沙窑模印贴花褐斑注子

宋代越窑青釉瓜棱执壶

瓷业发展，才使茶壶的出现顺理成章。明代茶书，对茶壶款式、质地等多有说明。就茶壶质地而言，明人坚持以陶瓷器为上的观点。冯可宾《岕茶笺》：“茶壶，窑器为上，锡次之。”张德谦《茶经》：“官、哥、宣、定为上，黄金白银次，铜、锡者，斗试家自不用。”关于茶壶形制，明人主张以小为贵。冯可宾《岕茶笺》：“茶壶以小为贵，每一客，壶一把，任其自斟自饮，方为得趣。何也？壶小则香不涣散，味不耽搁。”张谦德《茶经》亦言：“茶性狭，壶过大则香不聚，容一两升足矣。”总之，小壶泡茶，茶香才不致涣散，且每人一壶，自斟自饮，可以突出品茶的雅趣。正因为明人对茶盏、茶壶有了这些要求，明代茶具制造技术才日益精进，茶具具有了胎白纹密、釉色光润的特色。

明代起，江西景德镇成为“天下窑器所聚”的制瓷中心。景德镇瓷茶具小巧玲珑，胎质细腻，釉色光润，画意生动。其彩瓷美丽炫目，甜白瓷精美绝伦。青花瓷淡雅滋润，与茶的清丽恬静和谐一致，具有独特的美感。景瓷茶具白釉青花，清新典雅，大都配有精巧装饰，或是精美绘图，或是遒劲书法，具有较高的审美价值、浓郁的民族风格。用这等茶具冲泡名茶，在品饮时观赏茶具，别有一番情趣。

因此，明清时期，以景德镇为主生产的白釉瓷声名鹊起，取代了盛极几百年的黑釉茶盏成为陶瓷茶具的主流。

五、茶亭奉献惠民间

在过去南方山区要道上，往往建有凉亭，以供过往行人歇息放担，内有免费茶水供应，人们习惯称为“茶亭”。也有偏僻山区将碗瓢放于水源旁，如泉水边、水井旁，以方便行人饮水。这种习俗流传至今，遗风未改。江西民间的这种茶亭兴盛，践行的是唐代以来的传统，“以茶利礼仁，以茶表敬意，以茶尝滋味，以茶养身体”。饮茶者，消渴润喉，除疲解乏；供茶者，修养品德，推行公德。

谈到茶亭的源起，当代书籍往往语焉不详，或是清代刘献廷《广阳杂记》中所载叫望宿亭的“施茶所”，因刘氏曾为之题写对联:“赵州茶一口吃干，台山路两脚走去。”其实，茶亭之始，距今已有1000多年。早在五代，婺源一位方姓阿婆，为人慈善，在赣浙边界浙岭的路亭设摊供茶，经年不辍，凡穷儒肩夫不取分文。她死后葬于岭上，人怀其德，堆石为冢，县志称该墓为“方婆冢”，人们又称为“堆婆冢”。明代许仕叔《题浙岭堆婆石》诗云：“乃知一饮一滴水，恩至永远不可磨。”方婆在浙岭茶亭烧茶礼客影响深远，有的乡人效其德并在茶亭中挂起“方婆遗风”的茶帘旗。南宋时，婺源路亭兼茶亭较为普遍，而且都是免费的，相传这与理学家朱熹的提倡有关。南宋淳熙三年（1176），朱熹回乡扫墓，见城东石壁下有一泉水，过往行人均免费饮泉解渴，与外地“饮水投钱”的习惯相反。朱熹十分欣赏，就提笔写下“廉泉”二字。由于他在家乡影响很大，所以路亭免费供茶越发兴盛，费用由村族支付或积善人家出钱，称为“方便茶”或“大路茶”。

“五里凉亭，十里茶亭。”从此，在婺源长亭接短亭的山乡，山亭、路亭、桥亭或店亭，都有人设缸烧茶，供过往客人歇凉解渴，茶水分文不收。这种约定俗成，在元代池州教授王仪《过五岭》诗中留下了当时的情景：“五岭一日度，精力亦已竭。赖是佛者徒，岭岭茶碗设。”“五岭”中有一岭在休宁，另外四岭位于婺源境内。可见，当时婺源地区的大多数茶亭都有置炉烧茶，为往来行人免费提供茶水的情况。

在婺源，曾经流传着一首歌谣，把茶亭描绘得诗情画意。

粉墙黛瓦戗角屋，乡村都通石板路。
五里十里建茶亭，来龙水口参天树。

《惠山茶会图》（局部）文徵明 / 明代（上海博物馆藏）

这些茶亭的建筑，有的简易原始，有的富丽堂皇，有的古色古香。烧茶的用具是茶灶，舀茶的是用一个斜面小竹筒，装有长长的竹柄。盛茶用的是小茶瓯，也有的用冬瓜缸盛装，外以热火灰煨着保温。烧茶的水，有的是山泉水，有的是溪水，有的是井水。茶叶则多是村姑自采自制的绿茶，具有“颜色碧而天然，口味醇而浓郁，水叶清而润厚”的特色。一般离村子较远而又偏僻的地方茶亭，都住着一家人，男的耕地种田，女的在亭中烧茶做针线。这种古朴的乡风，在婺源一直流传下来。

江西一些地方茶凉亭的修建，或由宗族捐地捐款，或乡绅儒士出面集资。捐基址建亭，是义务性服务的公众慈善事业。而修理茶亭、管理茶亭、添置茶碗茶壶等工具的费用，或由捐资人提供，或由乡民共同承担。这些行为除人们的自觉之举，有时则被作为对违禁者的惩罚，如清嘉庆五年（1800）的《重禁养生河约底》中就指出：违禁在养生河中捕鱼者，“旧罚烧茶一月济众”。

茶凉亭的执行人，一般由公众挑选，他们有的吃住都在茶亭里，由捐资人提供费用。茶亭的执行人要为人正派，热心为公众服务，他们一般被人们称为茶老板。他们除砍柴挑水烧茶外，如遇婚丧大事，或结婚抬轿者经过，或抬死人经过，主人都要施礼。过路人发了急病或有特殊情况，茶老板一家也往往尽职责予以帮助。

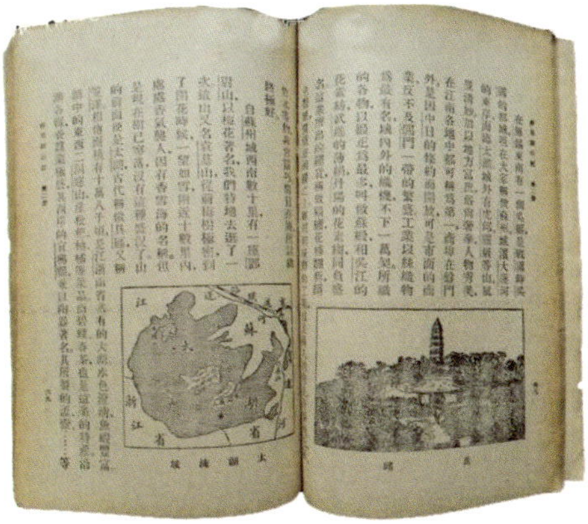

《珍儿旅行记》陈铎 / 近代

到了20世纪20年代，茶亭免费供茶习俗在婺源依旧十分常见。当时，商务印书馆出版的地理教科书《珍儿旅行记》中，就有关于婺源茶亭的记载：

在这平坦大道的中间，每隔三里五里，必有一个茶亭。建筑得齐整华美，很像有钱人家的大厅。靠近两壁处设着长凳，供人休息。亭角上放着茶灶，一缕缕的茶香，从灶内飏出，灶旁放着几只竹杓，任人解渴，不要茶钱，也没有人监督。我曾在一个茶亭内，向休息客人中一个担柴的问道：“这亭子没有人管，里面的物体不怕给人家偷去吗？”那人微笑着答道：“我们这里向来没有盗贼的。不但这里的公共的物体没有人偷，就是你现在故意把物体丢在路上，到明天来看，包管不会失掉的。”他讲着这话，脸上很现出鄙视我的神情。

这种古雅朴实的乡风，的确使人赏心悦目，一直世代相传下来。

据《婺源风俗通观》记载，清代婺源有茶亭246座，在当时全国来说属于较多的地区。如中华人民共和国成立后，浙源乡有座修葺一新的高山茶亭，茶亭已几易其主，但几十年来常年供茶，不取水费。当地人对茶的钟爱，透过县境内几乎随处可见的茶亭，可见一斑。这里绵延不断的青山中和田间古道上，至今依然可以看到许多古时茶亭的遗迹。

此外，江西的许多码头渡口、路边桥头，都设有免费供应茶水的地方，供过往人员自己取饮。茶亭喝茶的人，来自社会各个阶层，但主要是中下层，特别是以出卖劳动力为生的下层百姓，他们当然不可能是品茗，只是为了消暑解渴。当他们到茶亭歇脚时，大汗淋漓，喉干舌燥，喝上一碗茶，顿时感到神清气爽，精神倍增。

在江西各地，还有季节性的茶亭，一般出现在每年农历五月至九月这段暑热的日子里。伏天施茶之风，在中华人民共和国成立前遍及全省各地，人们还把施茶与做善事、得福报联系在一起。清代同治《广丰县志》记载："又有施茶饮于凉亭要路，以祈福利者，至伏尽乃止。"可见，这种施茶往往是盛夏时进行，并且带有一定的祈福性质。泰和县水槎桥溪村的"适可亭"，每逢盛夏都有人施茶，历年不辍。宁都县施茶之风更甚，每至夏秋季节，群众用细茶叶、茵陈、山楂枝叶或夏枯草泡好的茶水，用木桶装着，内置竹勺，放在风雨亭中或路旁林荫处，供行人解渴。据统计，1982 年该县尚有义务供茶点 176 处，群众义务供茶世代相传，父子祖孙相继，数十年不辍。

在民间，还有一种慈善性质的茶会，又称为“施茶会”，是社会上的一种群众性组织。一般以街道、乡镇和村落为单位，会员都是自愿参加的。通常由乐善好施、家境殷实的几户人家自愿组成，以后逐步扩大会员。会员需出钱、出柴、烧茶、供茶，这些全都是义务性质的。施茶会有季节性，一般是从入夏开始，在行人必经之地的街头茶亭、路亭设茶缸，旁边有杯碗，免费供行人饮用，直到秋后天气转凉为止。有的会员负责募集和管理资金，有的负责购买柴火，并要雇人来烧茶。施茶会的收付账目均要公开，请众人监督。直到现在，有些城乡仍有此俗，有的是由居委会或老人会自愿组成。

这种专为茶亭施茶而设田收租或众人集资供茶的民间公益组织，江西各地的名称也有不同，石城县就称为“饮和会”。中华人民共和国成立前，石城县有 14 处饮和会，该县最早有文字记载的茶亭会始自乾隆年间（1711—1799）。至 1951 年土地改革后，茶亭会田产消失，集资中断，乡间部分茶亭改由私人献茶。

在许多寺庙，有着免费施茶的习俗。在寺庙里，僧人对待来往的施主、香客、行人均奉施茶水，上等客人往往请入一僻静茶室喝茶，对过往游人也提供免费茶水。在寺庙里，专门设有“茶堂”作为以茶礼宾的场所，配有“茶头”僧，专事烧水煮茶，有“施茶”僧专为游人香客免费供应茶水。

过去，南昌市还有所谓的“功德茶”，当夏季来临时，佑民寺、南海行宫等寺庙门前，僧人们常常在庙门前为来往行人免费供茶，品种有红茶、香片茶、神曲茶、午时茶等。

还有种庙会施茶。在庙会期间，热闹非凡，人头攒动，一些方便香客的设施也应运而生，这里面也包括提供茶水的茶棚。茶棚主要设在进出庙会的道路两旁及庙会所在地，多由慈善组织设立。为过往行人施茶水，提供食宿。建茶棚及施茶的经费，主要采取集资的方式。在定下进香参加庙会的日期后，各进香组织便会派专人分别到各商号、财主、达官贵人的家中送帖子，谁获得的喜帖多，谁就感到骄傲。各家商号、财主等根据所得的喜帖的多少，决定赞助多少钱财。茶棚一般都较为简陋，在门边设灶台，灶上置放茶壶等，旁边放一些食物。个别茶棚把灶搭在棚外，其上置长嘴高柄的大茶汤壶，供应开水。

第三章 茶俗多样

CHASU
DUOYANG

历史悠久、气氛浓郁的江西茶文化，既融入“琴棋书画诗酒茶”，又列身“柴米油盐酱醋茶”；既是文人雅士修养内省、雅志哲思的寄托，又是社会大众日常生活、健康身心的习俗。时至今日，茶早已渗透到江西人生活的各个方面，成为人生与交际的重要组成部分。

一、别有风采的日常饮茶

看

听

江西是茶的土地，有茶的氛围。日常饮茶，既是一种物质上的享受，又是一种精神上的愉悦；既是一种能够显示民风、表现素养、寄托感情的艺术活动，也是一种雅俗结合的特殊消费审美。

在江西各地城镇及产茶地区，人们早起都有饮茶的习惯，家庭主妇第一件事就是煮茶汤，沏上一大壶茶，供家人随饮随倒，冬天还用暖桶包裹茶壶以保温。所谓“茶汤”，生活宽裕的人家多是用刚烧的白开水沏上一壶茶；或者以茶叶泡好浓茶，俗称“茶娘”，喝时掺入开水；家境贫寒的则用老茶叶制作的“老茶婆”泡茶。民国以前，崇义县乡村农家饮茶多用粗茶，俗名“石壁茶”，也有饮用自己种制之茶者。赣南客家地区及赣东、赣中部分地方，暑天多制擂茶饮用。但是，不论茶的质量高低，茶的味道浓淡，一杯清茶入腹，人们神清气爽，余香满口，精神倍增。

在城镇，还有上茶楼、茶馆喝早茶的习惯。南昌人喝早茶，俗称为“过早”，讲究精茶细点。也就是说，早茶的茶点并不是大嚼充饥，而是细软慢吃，以品茶为主。像春卷、白糖糕、二来子、撒子、牛舌头、金钱吊葫芦，都曾是南昌人品茶时的传统风味小吃。近些年，吃粤式早茶的风气越来越盛行，佐以精美的糕点和小吃，成为生活的一大享受。由于饮茶成风，连乡村农忙时加吃点心，也称为“送茶”。

上饶地区饮茶之风较盛，家庭饮茶有早茶、午茶、晚茶和工时茶等数种。早晨起来后，先泡茶一碗，端给老人喝，然后全家人吃早茶，茶后再吃饭。农民出工前，吃一碗茶再去上工。午饭后再吃茶，谓之“晚茶”。晚茶一般人家不吃，旧时唯富贵人家在临睡前吃果点下茶，谓之“晚茶”。“工时茶”是指雇请工匠做事的家庭，除三餐饮食外，工间还要招待两次茶点，故有“三餐两茶”的说法。

客家人因受制于闷热湿蒸的特殊地理气候条件，对茶有着特别的爱好。在客家地区，人们一早起来，便有喝茶的习惯。家庭主妇早晨一起来，便是打扫卫生，做饭，烧水沏茶。客家有童谣唱道：

勤俭姑娘，鸡鸣起床。

梳头洗面，先煮茶汤。

灶头锅尾，端端光光。

煮好早饭，刚刚天亮。

客家妇女历来勤劳肯干，她们从早到晚忙碌着，把家里打扫得亮亮堂堂的，也能下田干活，里外都是一把手。客家人的生活一天从喝茶开始，当地人管喝茶叫“食茶”。

客家人喜欢喝的擂茶，配料丰富，随着季节的变化配料也各有不同。在江西赣南，制作擂茶的茶叶一般都选择老叶。老叶味浓，能提神醒脑，夏饮解暑不怕热，冬饮添

客家擂茶表演

暖不畏寒，健胃健脾，爽口洁齿。擂茶有着诸多优点，可以健脾、祛寒、暖胃，由于时令不同，配料不同，以及用料分量的加减，产生的功能也不同。在长期的社会生活中，江西人虽然嗜好饮茶，却往往奉行俭朴的生活原则。历代方志中，多有这方面的记载。

饮用粗茶、本地茶是一种乡风，像万载也是“茶用大叶，皆崇乡及宜春产”。而对于饮用外地茶叶，则往往受到批评。

在民间茶俗之中，往往称喝茶为“吃茶”，即使是清茶一杯也称为“吃茶”。当然，也有注重茶味浓郁、厚实，以土特产与茶相杂而制作的风味茶，一般是泡茶、泡食，不“吃”这茶是饮不了的。这是一种古风的遗存，人们在最初是生食各种树叶，把茶叶当成生食的一种。后来才渐渐发展为煮茶、烹茶的。《尔雅》一书“槚，苦荼”注云：“树小如栀子，冬生，叶可煮羹饮。”可见在晋代，人们是用茶树鲜叶或干叶烹煮成羹汤而食用，就像喝蔬菜汤一样。唐代杨晔《膳夫经手录》记载：“茶，古不闻食之，近晋、宋以降，吴人采其叶煮，是为茗粥。至开元、天宝之间，稍稍有茶，至德、大历遂多，建中以后盛矣。”可见从晋宋至唐，吴人将茶树鲜叶烹煮成“茗粥”食用。唐宋时是将茶叶蒸碾焙干研末，冲泡后的茶汤浓如豆羹，需要“一吃而光”。我国大多数地区“吃茶”之风终止于明代，因为明太祖朱元璋罢造龙团凤饼茶，“唯令采茶芽以进”。但是，吃茶在局部地区仍有传承。

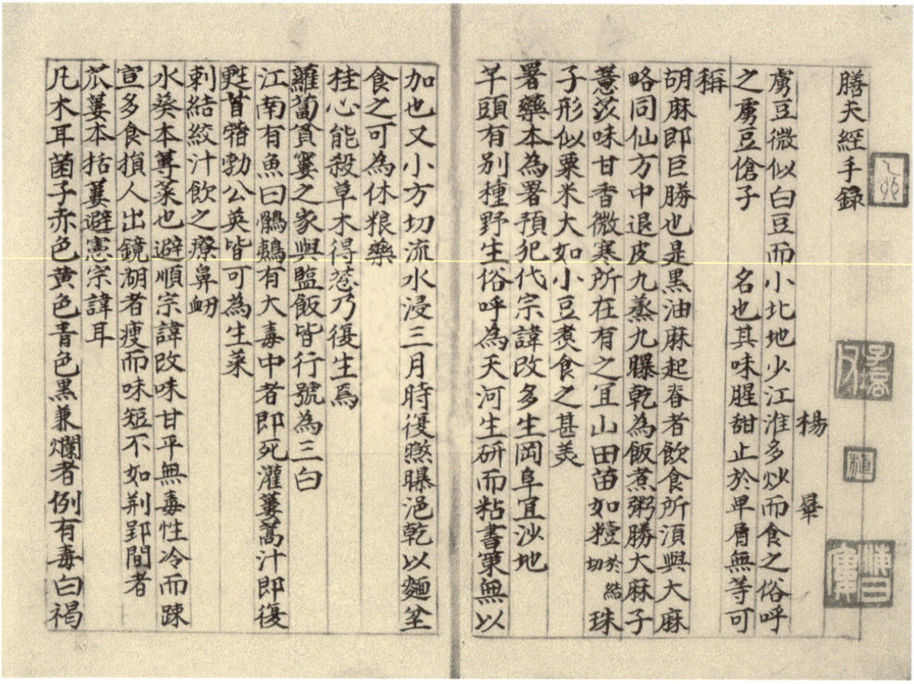
膳夫經手錄

楊　曅

虜豆微似白豆而小北地少江淮多炒而食之俗呼
之虜豆偺子　名也其味腥甜止於旱膚無等可
稱
胡麻即巨勝也是黑油麻起春者飲食所須與大麻
略同仙方中退皮九蒸九曝乾為飯煮粥勝大麻子
薏苡味甘香微寒所在有之宜山田苗如糙（於結切）珠
子形似粟米大如小豆煮食之甚美
署藥本為署預犯代宗諱改多生岡阜宜沙地
芋頭有別種野生俗呼為天河生研而粘書稟無以
加也又小方切流水浸三月時復爀曝浥乾以麵坌
食之可為休糧藥
桂心能殺草木得蔥乃復生焉
蘿蔔貧窶之家與鹽飯皆行號為三白
江南有魚曰鸊鵜有大毒中者即死灌蔞蒿汁即復
甦苜蓿勃公英皆可為生菜
剌結絞汁飲之療鼻衄
水葵本蓴菜也避順宗諱改味甘平無毒性冷而踈
宣多食損人出鏡湖者瘦而味短不如荊郢間者
苽葽本括葽避憲宗諱耳
凡木耳菌子赤色黃色青色黑兼爛者例有毒白褐

《膳夫经手录》杨晔 / 唐代

江西都将饮茶称为“吃茶”，连山歌中都唱道：“茶叶下山出江西，吃碗青茶赛过鸡。”与这种风气相适应的，是萍乡人的“吃茶”。

近代学者胡朴安曾在《中华全国风俗志》中说：“我国各地之人皆喜欢饮茶，不独萍地（萍乡）为然，似不必赘述。然萍人饮茶，与他地不同，其敬客皆进以新泡之茶，饮毕，复并茶叶嚼食。苦力人食茶更甚，用大碗泡茶，每

《中华全国风俗志》胡朴安 / 近代

次用茶叶半两，饮时并叶吞食下咽。此种饮食习惯，恐他地未之有也。”学者杨荫深似乎受胡朴安影响，在《事实掌故丛谈》中说：“饮茶中饮茶汁，自古以来，该没有将茶叶也吃进去的，唯有现今江西萍乡人，却正如此。”的确，至今不少萍乡人还保留着这种吃茶的习惯，有的茶汁未饮完先捞几根茶叶塞进嘴中嚼食，茶饮完时杯中便一无所有。

当然，吃茶叶的习俗，并不是除萍乡外“恐他地未之有也”，更不是“自古以来，该没有将茶叶也吃进去的”。这也难怪，因为即使是满腹经纶的大学者，对茶俗及其历史知之不多，也难免会说出不确之词。同属江西所辖的武宁等地，也有吃茶叶的习俗。据清代《武宁县志》记载，该县“俗喜嚼茶叶，啜其精液，又食其渣滓。然雪爪、玉钩（均茶叶名），味实甘永，嚼之，舌齿间有余韵，虽文士不厌也。”

二、真诚纯朴的客来敬茶

中国是礼仪之邦，茶叶是人际关系的润滑剂，是增进亲情友情的桥梁，代表着和睦友爱，人们往往以茶来表礼节。宾客莅临，首先敬茶，这是中华民族特有的待客礼仪，也是江西民间的风俗。这种真诚淳朴的客来敬茶之风，遍及全省各地。

江西地方民风淳朴，老表热情好客，你若从哪家门前过，即使互不相识，主人见了也会打招呼：“歇一下，喝杯茶罢！”真的坐下来，茶也果真会端上来。倘若路过你家门口歇脚，喝不到茶，人们认为女主人不懂礼节，不贤惠。在赣南，普通的家庭里，一般都备有一大一小两种茶壶。圆柱形的大茶壶用来泡大茶（较粗老些的茶青所制），每天早上都要泡上满满一壶茶，供家人喝一天。小茶壶的造型较精致，用来泡小茶（细嫩些的茶青所制）招待客人。

在赣南不论亲疏，来者是客。客人进门，主人一边请上坐，一边忙拿小茶壶去洗，加上几只小巧玲珑、透明或印花的玻璃杯，然后撮把茶叶放入壶内，冲好开水。等上几分钟，便可以往玻璃杯中“筛茶”（即斟茶），茶满八分，递与客人。主客之间，边饮边谈，其乐融融。在赣中北，往往是客来敬茶，叫作“打茶”，佐以点心，主人适时给客添加开水，如此几巡，直至茶足食饱为止。在赣东北，有“擂茶”的习俗，即将生米、生姜、生茶叶混合擂成，并可随个人喜好添加一些如芝麻、花生米、爆米花等配料。这种茶，一方面可以用于治病，另一方面，也是用于待客的一种重要礼节。家里来了客人或逢年过节办喜事，主人都将捧出香辣可口的擂茶，人手一碗，也佐以一些自制的土产点心，直到客人吃饱喝足，方宾主尽欢。

以茶敬客，情深意长，江西的客来敬茶特别讲究真诚纯朴：主人敬茶，应双手奉送；客人接茶，也用双手，并口称“多谢”。俗话说“酒要满，茶要浅”。斟茶过满，是对客人不尊重。添茶时，要一手提壶，另一手摁住壶盖。而客人呢，为了对主人表示尊重和感谢，不论是否口渴都得喝点茶。添茶时，应用食指和中指轻敲桌面，以示感谢。如果不想喝了，就合上杯盖。在告辞前，应将茶喝完，以表对茶的赞赏。这些虽是待客之道，也与其他汉族地区基本相同。

不过，江西客来敬茶还有独特的乡俗。在贵溪喝茶叫作“吃茶”，客人入座之后，主人随即用粗瓷饭碗送来半碗白开水。这并不是喝的茶，只是供净口用的水。接着，主人端上炸得焦黄的干红薯片，香气扑鼻的花生、豆子，还有各种蔬菜做成的菜干、热气腾腾的甜米果。茶果上齐后，主人才倒掉碗中的白开水，换上滚热的茶，正式开始“吃茶”。如果没有几盘几碟款待，只用“白茶”待客，就被视为无礼之举。还有的邻里女友，备上几盘几碟，邀请来客中的女客到家里品茶，就叫作“喊茶”。也有许多地方，凡是亲戚、朋友上门，首先送上一杯清茶，接着一碗糖水或盐水煮鸡蛋，或是一碗长寿面（有的是炒米粉、炒粉皮），吃完再吃中饭或晚饭。之所以用一杯清茶开头，是祝愿亲友万事顺心。

南昌市有些商场也运用茶情来招徕顾客。以前，凡到李祥泰布庄、同升金店、黄庆仁栈药店，店员都给登门的顾客献上一杯香茶，表示欢迎，茶成为迎接顾客的佳品。

客家擂茶原料

客来敬茶的风行，使南昌人走亲访友、年节贺喜带的礼物，诸如糕饼之类，都被独创性地成为“换茶”。

旧时，客家人常年居住在深山老林里，客人较少。每逢有客人来到，不管是谁家的客人到来，客家人都会把他当作自己家的客人一样，热情地接待。不管什么时候，也不管走进哪一家，主人都会马上取出“茶米”，泡一杯香气扑鼻的浓茶敬上。客家人称茶叶为“茶米”，可见他们把茶与米等同看待，茶与米都是生活中不可缺少的东西。来客进门先敬茶，品尝一番后才开始拉家常或谈正经事，正如客家人常说的那样：“喝上两杯再说。”

在茶乡修水县，人们特别好客。不论生客、熟客，主家总是热情相迎，将客人请到屋里，把最好的座位让给客人。客人坐下后，通常是由家庭里的长者陪坐聊天，家庭主妇则忙着生火烧水。主妇用火钳架好木柴，然后用竹制的吹火筒将火吹旺。之后，再将悬挂在房梁上的推筒钩松开，将茶壶挪到恰到好处的火苗上。这几个动作被戏称为：“铁将军挂帅，祝（竹）小姐助阵，梁上君子帮忙，闹翻一城兵。”接着是洗碗，一般是洗 8 个碗，俗话说“要喝满盘茶”。如果客人多于 8 人，就要按实际人数洗碗。主妇再将洗好的碗，摆在圆形的茶盘上，再开始拈碗。这道程序是，主妇把事先准备好的泡茶佐料分拣到茶碗里。这些佐料是：茶叶、菊花、芝麻、豆子、花生米、萝卜丁、姜丝、茶莒、花椒、食盐等，称为“十样锦”。菊花、萝卜、生姜、茶苎产于秋末冬初，每逢这个季节，主妇们要腌制好一年的佐料。拈碗这个动作看起来简单，做起来就不是那么容易了。8 个茶碗，每碗 10 个动作，就是 80 个动作。这 80 个动作，被称为“点尽曹营将，数清魏国兵”。泡茶的时候，主妇猛地高高举起茶壶，逐碗地冲泡，再用筷子在碗中旋动。这时，芝麻和菊花浮到水面，其他佐料沉于碗底。这碗五彩缤纷的茶，就是当地著名的“菊花茶”，上茶的时候是“先宾后主”，先敬客人中的长者，最后一碗才是自己的。客人接到茶之后，要稍停片刻，不能马上就喝。喝茶的时候，要先用嘴将浮在水面上的芝麻和菊花吹到一旁，然后再慢慢喝。当客人喝完了水，就剩下佐料，吃佐料的时候要用巴掌对碗口一拍，那沉在碗底的佐料立刻就被吸到碗

茶点

口，然后顺势倒入口中。这佐料极富营养，具有药用价值，可称为“十全大补汤”。

在赣西北地区的武宁、修水、铜鼓、宜丰、安福等县，流行喝菊花茶。人们通常把开水泡茶叶叫作“喝茶水”，称茶中加有菊花、黄豆、芝麻等“有嚼头”的茶料为“喝茶”。菊花茶配料丰富，所泡之茶，要做到“上不见水，下不见底”，茶料下得愈多，愈显主人对来客之尊敬。喝茶的时候，将茶叶与配料一同吃进肚里。茶刚泡上，要趁热吃，因黄豆、芝麻、菊花都浮在水面，此时吃下，可获满口香味。如时间长了，茶料泡软沉入碗底。吃至将尽时，须晃动茶碗，将水和茶料一并吃下。吃完后如不够，可以再泡。茶吃完，如主人未及时收茶碗，应自行将茶碗送回茶盘。

江西民众热情好客，来客除敬茶水之外，还要以茶点招待。乡村民户茶点多是自产自制，有花生、豆子、薯片干、葵花子、南瓜子、炒米泡、玉米花、蚕豆等；山区农民还有板栗、毛栗子、杨梅干等；赣东、赣中等地有冻米糖、灌心糖；赣南客家人则有薯片干及黄元米馃等；贵溪市还有油炸红薯片及各种蔬菜做成的菜干和甜米馃。修水县奉乡的晒糖果最具特色，有糖葫子、糖刀豆、糖山椒、糖木瓜、柚子花、糖瓜茎，多数刻有各种造型的花纹，色艳形美、味道甘甜，多用于接待贵客。城镇居民主要以糖果、饼干、瓜子、花生及四时水果招待客人。茶点盛装，有的用瓷碟，四至六碟不等，或用五格、七格、九格盘，寓意“五子登科”“九子团圆”。

二、约定俗成的岁时饮茶

江西人将茶与生活融合在一起，在不同的节日与时令，有着不同的饮茶方式和习俗。节日茶俗，丰富多彩；岁时茶俗，摇曳多姿，有着厚重的文化底蕴，浓郁的乡土情怀和江西人对美好生活的期待和祝福。

春节是中国人最为重要的节日，对于江西人来说，这样的盛典，茶自然是不能缺少的。从大年三十的供茶，到正月里的各式茶会，浓浓的年味就在茶香中远飘，茶成为联络感情的中介，也寄托着对来年生活的诚挚祝愿。

在春节，江西各地迎接新年的茶俗，质朴而有真情，独特而有趣味，是从祭祀祖先的供茶开始的。江西人还习惯在除夕或立春之时，进行各种迎春祭祀活动。中国人迎春祭祀的历史，起码见于周代，汉朝传承周礼，唐宋又有发展。明清以来，民间有贴春帖、喝春茶的习俗，祈祷来

上饶婺源县思口镇

年能够风调雨顺、五谷丰登。在迎春祭祀活动中，江西有“供茶接春”之俗，即“供茶、果、五谷种子，燃香灯，放花爆，谓之接春”（同治《玉山县志》）。

在茶乡婺源思口镇、清华镇一带，会在堂屋正中供上米、大豆、茶叶等，一来是供奉先人，二来通过这种行为祈祷新的一年水稻、茶叶、大豆等农作物丰收。

除夕之际，“守岁聚饮，取红枣、莲子、荸荠、天门冬煎之当茶，谓之‘洪福齐天’”（《安义县志》）。非茶之茶，也是民间所习惯品饮的。

新年之始，在茶乡婺源，茶商、茶农家庭成员最先入口的必定是茶。农历正月初一，“初一朝”，全家早起，盥洗完毕后，家长领着家人向“祖容”拜年，接着是晚辈向长辈拜年。拜年后，全家团坐，由主妇泡好清茶，为每人斟上清茶一盅，再佐以果盒内糕点食之，然后是吃茶叶蛋、长寿面等。赣南一带，昔时逢农历朔望日早晨天一放亮，各家在门外向东方点香烛，有的带摆上供桌，放3个斋盘（糖、饼、果子），斟3杯水酒或清茶，祀者虔诚地跪拜磕头礼，礼毕鸣炮。

江西许多地方，讲究元旦吃青果茶。“元旦”“元日”，原指农历大年初一，为一岁之首。江西人吃青果茶的历史，可以追溯到明朝。在明朝的《建昌府志》中就有记载：“人最重年，亲族里邻咸衣冠交贺，稍疏者注籍投刺，至易，市肆以青果递茶为敬。”这说明早在明代，在江西一带，人们就开始在大年初一饮用青果茶，并将饮用这种茶看作是一种吉利的行为。清代《建昌府志》，也延续了讲究大年初一要吃青果茶的记述。清代同治《广昌县志》同样有记载：元旦“乡邻往来投刺，以青果递茶为敬”。

青果茶

所谓“青果茶”，是在茶中加放一只青果，俗称“檀香橄榄”。橄榄入口，初时有点涩，之后就满口生津，回味无穷。泡在茶中，品味时显得淡雅清香。人们之所以会在大年初一喝青果茶，一是借“青果”的名字，寓意一年中都清吉平安，二来是希望来年的生活能像嚼橄榄一样，回味甘甜。喝青果茶的风俗不仅存在家庭，还影响到江西茶馆。过去南昌的茶馆中常备有橄榄，到了正月初一，不仅百姓家中会用青果茶待客，茶馆里也会提供青果茶，供茶馆的客人们享用。这种风俗，也流行于江南一带。

此外，据民国《安义县志》记载，安义等地的百姓在正月初一时，还有吃“元宝茶叶蛋”的风俗，所谓元宝茶叶蛋，就是茶叶煮的鸡蛋，以元宝命名，意为招财进宝。

过了大年初一，人们就开始走亲访友。正月里，江西农村有非常独特的民间茶俗，那就是正月间农村妇女们的茶会。这种茶会，由清一色的女性组成，谢绝男性加入，往往是一个村的女人们围坐在一起，喝茶聊天。

以茶会友，以茶联谊，是贵溪市妇女们正月里的一种聚会。每年正月初十之后，男人们在外做客，女人们便由一家发起，邀请平日来往亲密的姐妹和左邻右舍的女宾来客吃茶。吃完一家，次日又换一家，少则一二桌，多则三五桌。妇女们聚在一起，边吃边聊，从村里大事，到家庭隐私，天南地北，无所不谈。往往从下午 1 点钟左右开始，至夜方散。

这种妇女间的茶会，在各地有不同的称呼。在贵溪，当地人将其称作“传茶会友”；而在安福，则将这种茶会称为“表嫂茶”。喝“表嫂茶”在安福县是以一个自然村为单位的。元宵过后，从村头第一家开始，每天喝一家，一直喝到村尾最后一家“洗碗茶”，这样一年一度的“表嫂茶”才算是喝完了。

元宵过后，春播之前，是农村里比较清闲的日子，又是正月里，大家喜欢走亲访友。农村的妇女们有时间准备茶局，串门聊天，借着喝茶，女人们沟通感情。过去的一年，邻里之间一些不愉快的疙疙瘩瘩也随着茶局一笔勾销了，有利于邻里间的和睦。

在不同的节气，江西也有不同的茶俗。每年公历三月六日前后的惊蛰，天气转暖，渐有春雷。江南民谚云：“惊蛰闻雷，谷米贱似泥。”也有认为“是日雷鸣，夏季毒虫必多”。所以，江西遂川县山区为了减少害虫，使庄稼不被害虫侵袭，有“炒害虫”的习俗。惊蛰这天，农民将谷种、茶种、豆种、南瓜种、向日葵等各类种子一小撮放入锅中炒熟，分给孩子们吃掉，意为吃掉害虫，保护作物丰收。

另外，民间还讲究不同节气吃不同的茶点，“其在二三月间吃艾米馃，立夏节日吃鸡蛋和田螺，端午节吃粽子，中元吃叶子米馃，九月重阳吃薯圆，过年吃黄元米馃和蒸笼米馃等，又属应时茶点食品类矣”。（《崇义县志》）

江西各地，对饮“立夏茶”习俗，最为重视，说是“不饮立夏茶，一夏苦难熬”。每年公历五月六日前后的立夏，我国习惯从此时告别春天，开始夏季。宋代诗人文天祥曾在立夏写过一首诗，题目《山中立夏用坐客韵》：

归来泉石国，日月共溪翁。
夏气重渊底，春光万象中。
穷吟到云黑，淡饮胜裙红。
一阵弦声好，人间解愠风。

我国古来就很重视立夏节气，周朝时立夏这天，帝王要亲率文武百官到郊外“迎夏”，并指令司徒等官去各地勉励农民抓紧耕作。立夏时节，又是春茶关键时刻。“夏前宝，夏后草。”茶树春梢发育最快，稍一疏忽，茶叶就要老化。所谓“谷雨很少摘，立夏摘不辍”，要集中全力，分批突击采制。江西民间讲究“立夏茶”，也就是顺理成章之事。

《南昌县志》记载：“立夏日，士民家煮粉团食，谓之立夏羹。又有相约欢会饮茶者，曰立夏茶。谓是日不饮茶，则一夏苦。” 南昌北边临湖眺江、南方丘陵地区，冬冷夏热，民间传说喝了“立夏茶”，便能安然度过酷暑。民国《昭萍志略》曾有《立夏茶词》，记述这一风俗：

城中女儿无一事，四夏昼长愁午睡。

家家买茶作茶会，一家茶会七家聚。
风吹壁上织作筐，女儿数钱一日忙。
煮茶须及立夏日，寒具薄持杂藜粟。
君不见村女长夏踏纺车，一生不煮立夏茶。

江西各地的“立夏茶”，多是“聚七家茶”。“妇女聚七家茶，相约欢饮，曰立夏茶。谓是日不饮茗者，则一夏苦昼眠也。”（乾隆《南昌县志》）这里的“七家茶”，是指妇女相聚共饮茶。各家带着自己新烘焙好的茶叶，混合后烹煮或泡成一大壶茶，再由大家欢聚一堂共饮。

立夏时节，“七家茶”和“七家粥”一样，都可以算是立夏尝新的另一种形式。因为立夏能够吃上时令新鲜食物，故有尝新等活动。“七家粥”则是左邻右舍互相赠送豆、米,和以红糖,煮成一锅粥,由大家来分食,说是吃了这种“七家粥”，邻里和睦，一心去夏耕夏种。这些茶或粥并不见得多么可口，但这些仪式，却是过去农村社会中重要的联谊活动与祈福方法。

除饮“立夏茶”外，还有“吃茶叶蛋”的习俗。“立夏，田家人多以茶叶蛋、米粉肉、熟田螺为是日点缀佳节之食品，或宰狗食之，似亦仿古烹狗祖阳之意。”（《上犹县志》）立夏吃鸡蛋的习俗，由来已久。这种风俗，有多种因素：一是“立夏吃了蛋，热天不“疰夏”。立夏吃蛋，能预防暑天常见的食欲不振、身倦肢软、消瘦等苦夏症状。

茶叶蛋

二是立夏吃东西最补，吃一枚鸡蛋相当于吃一只鸡。立夏后，农事开始繁忙起来，人容易疲乏。吃鸡蛋，是为了补充体力。三是立夏日吃鸡蛋能祈祷夏日平安。因为古人认为，鸡蛋溜圆，象征生活圆满。这种习俗，是和中医养生理论契合的。中医认为，鸡蛋性平、补气虚，有安神养心的功能。立夏日一般在农历的四月，“四月鸡蛋贱如菜”。人们把鸡蛋放入吃剩的“七家茶”中，煮烧就成了“茶叶蛋”。后来，人们又改进煮烧方法，在“七家茶”中添入茴香、肉卤、桂皮、姜末。从此，茶叶蛋不再是立夏的节候食品，而成为我国传统小吃之一。

此外，端午节时，江西民间有正午到野外采撷百草为茶，称“午时茶”。一般伤风感冒等寒暑时疾，抓一把午时茶熬水喝莫不见效。中秋节，又要饮茶。“八月中秋节，亲友馈送各种月饼，以助月下茗战之资”。（同治《铅山县志》）所谓“茗战”，原指斗茶，后被指广泛地称饮茶。在江西民间，连中秋吃月饼也被视为品茶的助兴而已。

四、含义深远的婚恋用茶

含义深远的茶礼，突出表现在婚恋之际。古人认为：“种茶下子，不可移植，移植则不复生也。故女人受聘谓之吃茶，又聘以茶为礼者，见其从一之义。”（《七修类稿》）古人这种价值取向和道德意义，历代相传成风，江西民间习俗中婚姻的各个阶段也都与茶有紧密的联系，故旧有“三茶六礼”之说。

首先，是相亲用茶。一般来说，茶叶与婚俗有关始于行聘。“今婚礼行聘，以茶叶为币，满汉之俗皆然，且非正室不用”。（《听雨丛谈》）而在江西，相亲之时茶叶就有妙用。遂川县客家青年谈对象，介绍人引荐双方见面，常常到茶店中去，茶资归男方支付。此时须要六样茶点，每样称六两，意为“六六大顺”。在修水县，媒人带崽俚（指男青年）去姑俚（女青年）家相亲，相亲结果取决于“三碗茶”。第一碗茶是待客茶，是见面礼节。姑俚泡上几碗茶用茶盘端出来，女方家长陪同客人一边喝茶，一边拉家常话，崽俚可以尽管喝。但在端茶之际，姑俚须细心观察，如不中意，第二碗茶由其母或其嫂端来。男方自然会意，喝完第二碗后便起身告辞。如果姑俚又送来第二盘茶，崽俚也接过了第二碗茶，表示男女都有接触意向。如果崽俚不接第二碗茶，表示男方没有相中姑娘，客人也要马上告辞。姑俚端出第三碗茶时，崽俚需要做出决定，如不中意，口再渴，也不能喝了，婚事就此作罢。如果中意，崽俚就饮尽，双方亲属则皆大欢喜，话题也就转入了结亲之事。

定亲时，也要用茶。江西各地有许多这方面的记载："行聘必以茶叶，曰'下茶'。"（《都昌县志》）"行聘时，男家具饼、茶叶、酒、猪、鸡、鱼必足。"（《赣县新志稿》）"先期数月，预行聘礼，其仪物多寡，视贫富为增减。惟内用春茗一盆，取其得春气最早，示女归及时之义。女家回盒，用谷种数升，取其发生无穷，有养人之义。"（《瑞金县志稿》）"男家备长庚，钱二千并仪物、首饰、衣服、香茗等件，名曰'下茶'。"（《会昌县志》）有的订婚时虽然不送茶叶，但也以茶为名。"将婚，男氏具书及饼、饵、鱼、肉、币、帛、衣、钗等物送至女家，俗云'过茶'。"（《上犹县志》）还有的将男女双方议立记载聘礼与嫁妆的品种与数量的礼单，叫作"立茶单"或"写茶单"。茶单议立后，就意味着初步建立了姻亲关系，双方即改口称呼。在遂川县，还有送茶包的习俗。订婚这天，男方代表五至九人前往女家，女方“客娘”要一一敬茶待客。“客娘”向“后生”敬茶，后生喝完这杯茶后随即要把预先包好的“见面礼”红包放在茶杯内，并将茶杯送回客娘手中。“见面礼”茶包的数额多少，视男方家经济条件和大方情况而定，少则几元或几十元，多则百元以上，但数字要求逢九。由于江西素有重视人品的风气，有的“纳采、行聘、一茶一果，俱辞不受”，但却特别看重个人的品貌和才学，“然专尚择婿，首重儒生。祈名之初，必问曰：‘郎君读书否？曾入学否？’斯风俗之最美者。以故，父兄每勤于延师，子弟亦勉于向学矣”（康熙《赣县志》）。

婚礼之时，更要用茶。行聘之后，男女两家便为筹办婚礼忙碌起来。迎娶之日，花轿到女家后，媒人、乐手等稍事休息并用过茶点后，乐队随即吹奏起来，催请新娘上轿。接着，侍娘走到轿前，手握米、茶叶撒向轿顶，意为驱逐邪祟。花轿“将到门，婿严服出迎，搴帷接茶，然后进门”。（同治《乐平县志》）拜堂、喝交杯酒之后，南城县一带要“揭席，郎与女堂前交拜，姑或祖姑为妇去花头，揭手帕，饲以茶果，谓之‘拜茶’”。（《南城县志》）然后，侍娘引新娘入洞房，给箩坐给篓坐，意为新娘今后做事灵活如箩车篓转，最后给凳坐、给茶喝。闹房之时，有的地方新娘要给六亲百客敬茶。茶乡婺源还有个习惯，每个姑娘出嫁前都必须亲自用丝线和最好的茶叶扎一朵“茶花”。出嫁那天，新娘用开水冲泡这朵“茶花”，分敬公婆和宾客。亲友们，尤其是妇女们都围住这朵“茶花”来品评新娘的手艺，而碧绿清新、芳香四溢的“茶花”也象征着新婚夫妇的美好青春和幸福的家庭生活。同时，新娘还要亲自用铜壶烧水，按辈分大小依次给亲朋宾客沏上一杯香茶，这叫“喝新娘茶”。在江西农村婚礼中，茶事虽比往日大为简化，但迎亲那天，在男女双方聘礼与嫁礼中，仍撒置茶叶，以示爱情冰清玉洁、坚定不移。入洞房后，有的地方夫妻还要喝“夫妻交杯茶”以示夫妻同心协力、白头偕老。

新婚以后，同样用茶。新婚之后，许多礼俗也与茶有关。成婚后的第二天清晨，江西各地都有由新娘敬茶的习俗，但不过有的只敬公婆，有的要敬家族中的各式人等及远道来参加婚礼的亲戚，还有的挨家挨户去拜叩亲友邻里，一一敬茶。如“合卺之明日，新妇冠帔立堂阶，使老妪捧瓯执壶侍，瓯中置枣栗，佐以匙，请舅姑诸尊长立堂上，妇捧茶瓯三献，舅姑诸尊长咸答礼。妇以瓯陪立而不饮，俟舅姑诸尊长饮毕，然后退”。（同治《铅山县志》）新婚“次日，拜祖先，即古庙见礼；次拜翁姑、尊长及媒氏。新姻叙见卑幼，谓之‘拜茶’”。（《昭萍志略》）结婚三天之后，新娘要下厨房烧茶做饭，“新妇是日辰早入厨，捧茶果登堂奉舅姑，唯谨”。（同治《乐平县志》）或是“女入厨下作茶汤，以母家所赠果类遍饷宗亲”。（《弋阳县志》）还有的新婚“三日，婿导新妇入厨下，亦鼓乐。婿遣人请女家会亲，不至，则饷以筵席，谓之‘新人茶饭’”（同治《宜黄县志》），或是“三日庙见”“族房皆贺，随答谢茶果酒”（同治《新余县志》）。这些都离不开清香的茶叶。有的虽不用茶叶，却仍以茶称之。婺源茶区还有“请郎茶”的习俗：新婚头一年，老丈人的亲戚、好友和邻里，都要在来年农历正月“接新郎官”（俗称接新客）。“接新客”那天要将珍藏好的上年好茶每人沏上一杯，边喝茶边叙谈边吃糕点，待茶过三巡，才酒菜上桌。按当地乡风，新郎官这天喝醉了主人才高兴，但新婚妻子往往将浓茶递给丈夫，以解酒防醉。

茶贯穿婚俗的始终，是因为茶富有多种内涵：茶是清洁的象征，寓意爱情的纯贞；茶是吉祥的象征，祝福新人生活美满；茶是亲密、友爱的象征，祝愿夫妻礼敬、儿女尊长、居家和睦、亲家情谊、多子多福。

婚茶

五、林林总总的茶事茶规

在人生礼仪中，茶叶伴随着每一个阶段。可以说贯穿出生到身后。除了上述茶仪风俗，还有其他林林总总的茶事茶规。

小孩出生是一件大喜事，意味着家族后继有人、添丁又添福。在民间，小孩出生之后，也有着丰富的茶礼。在修水县等地，女子嫁后生了男孩，丈夫要到岳父家报喜。岳母即送给女婿一红布包，包里裹着的是她在头年亲自采摘的四季宁红茶，这一礼物称为“祝弥”，祝愿孩子年年如茶健康成长。小孩满月时，不论是男孩还是女孩都要“煮茶”，亲戚好友家中的女人们要过去喝油茶，以庆贺家中喜添人口，也寄托了父母盼望孩子幸福成长的美好愿望。

在江西，还有“茶凑百家锁”的习俗。百家锁是一种祈求孩童吉祥如意、健康成长的挂件，给小孩挂百家锁是流行于全国各地的风俗。而在江西，购置百家锁时茶叶也发挥了重要的作用。“赣省风俗，每遇小孩初生……红茶七叶，以红纸裹之，总计二三百包，散给亲友。收回时须各备钱数百文或数十文不等，将集成之钱，购一银锁（正面镌‘百家宝锁’，反面镌‘长命富贵’），系于小孩颈上，即谓之百家锁，谓佩之可以保延寿命云云”。（《中华全国风俗志》）用白米和茶叶凑够百家锁，真是绝妙的做法。而且，婺源民间还有“洗儿茶”，小孩出生后，第一次沐浴时，要用茶叶煎水来洗。

民间素有“尊师重教”的传统，旧时南昌家长送学生入私塾发蒙，要备上一份“拜师礼”。其中之一是一包茶叶。在江西，弟子去拜访老师，饮茶也有特殊的礼节，民国《安义县志》载：“师位西南、东北面，弟子西面茶、互揖。”

文士品茗雅集，也是江西常见的情景。南昌历代为经济重镇、交通枢纽，也是文人学子经常聚会的地方。明代南昌学者余日德就经常与明宁王六世孙朱多煃到芙蓉园饮茶唱和。明朝南昌的文社很多，如豫章社、滕王阁社、江天阁社、悬藜社、杏花楼社、听松雾社、视笑社、厌原山房等。文人墨客定期聚集，都以茶助雅兴，以茶助文思，写下了一些格调高超、语句淡远的诗行。南昌学者万元吉同文士万时华等在滕王阁社品茗赋诗，其中有一首《滕王阁》写道：

高楼含变入春烟，
一片遥青界水天。
来去船心风后定，
有无山色雨余鲜。
云留想为芬香护，
波撼如将槛影速。
辛苦章城楼下水，
独遗帝子自年年。

“云留想为芬香护”句，这虽是浪漫夸张之词，想来也是因诗人品茶后思涌神爽而引发的诗兴。

敬老是客家的优良传统，每当有族人进入花甲之年，乡亲们都习

《水绘园雅集图》戴苍 / 清代

惯在老人生日那天为他祝寿。寿者的子女也乐意为父母办酒席做寿，宴请亲朋好友和乡亲。翌日，主家邀请乡亲们一块吃擂茶，以示对寿者祝贺的答谢，此风俗称为“做寿答礼茶”。一般从 60 岁开始每年一次，有的逢 5 逢 10 还要大办一场，也有才 50 岁就做寿的。只要有设宴，翌日均要设擂茶答谢。在婺源民间丰富的茶礼节中，有“寿礼茶”，即寿诞时赠送的礼品上面一定要放一枝茶叶，红色配以绿色，既显示生意盎然，又寓含多福多寿。此外，还有给老人赠送“茶叶枕”的习俗。用粗茶填充的枕头，枕着松软，还有清心明目的作用。

以茶为礼，馈赠亲友，是情谊的象征，特别是新茶初制，“时新献人”，更是茶俗佳话。人们有好茶的时候，不忘与远方的亲朋好友分享。品尝着亲友赠送的新茶时，友情常萦绕心田，更增茶叶之甘甜清香。对于赠茶风俗，在唐人作品中常有记叙，白居易《萧员外寄新蜀茶》云：“蜀茶寄到但惊新，渭水煎来始觉珍。”正是所谓的奇文共欣赏，好茶同分享。“时新献人”多为特产名茶，极为名贵。曹邺《故人寄茶》有句，“月余不敢费，留伴肘书行”，茶饼只吃了半块，而把另半块珍藏在身边，正是这种情景的写照。如果亲友分居两地，可将茶团、茶饼加封与书信一同寄送。寄递茶叶非常讲究包装，有的要用白绢封裹，糊封泥再盖上三道红印记，唐代诗人卢仝在《走笔谢孟谏议寄新茶》一诗中，写到所收的茶叶，“口云谏议送书信，白绢斜封三道印。开缄宛见谏议面，手阅月团三百片”。以茶相赠，情浓意更长。送茶的恩谊特深，正是赠茶的意义所在。诗人在收到好友赠送的新茶后，往往要作诗感谢，尤其是宋代，诗人间相互赠茶的风气很盛，留下许多著名篇章，这对提高茶叶名气起了很大作用。前面所述“双井茶”，即便如此。

在江西民间，尤其是在产茶区，人们也有着馈赠茶叶的习俗，以表示友情和亲情。江西人走亲访友、年节贺喜带的礼物，被独创性地称为“换茶”。另外，在江西民间，“无茶不成祭”的观念深深印在人们脑海里。

至于用茶祭拜神灵、祭奉祖宗、祭奠死者的风俗，许多地方得以保留。这种古老的用茶叶祭祀的遗风，有悠久的历史，有文字记载的可追溯到两晋南北朝时期。

不论在庙宇参拜神像，还是居家祭拜神仙，江西民间都喜欢斟上茶汤。胡朴安的《中华全国风俗志》曾详细记载了江西德安“杨泗菩萨晒袍”的风俗中，用茶祭拜神灵的情景。

德安于阴历六月六日，俗传为杨泗菩萨之诞辰。杨泗菩萨是日必须晒袍。家家户户之妇女及儿童，皆着新衣新裳迎接杨泗菩萨，须恭恭敬敬，不敢说一句笑谈；如敢有说笑谈，谓菩萨必将降灾于其人之身。并将杨泗菩萨由此屋迎进到彼屋，名曰过案。所供之物，为麦制之发粑，及细茶、猪肉。供过之后，便将物品分给儿童，云食之菩萨必保佑其身体强健。

敬神要用“细茶”，民间认为是一种最大的虔诚；而敬神后的“细茶”，又成了福佑安康的“神物”。用茶祭神在海外也有所闻，日本的“茶有十德”其中之一为“请佛保佑”。

在江西，敬奉祖宗牌位，或者祭扫祖先墓地时，除了各种祭祀品外，有的还要另外斟上一杯茶水。旧历腊月三十日的团年饭前，祭祖先更是少不了香茶。人们先将煮熟的全鸡、全鸭、全鱼，分别装入盘中，每样贴上小红纸图案，并备好清茶、佳酒各一杯，斋饭一碗，后点燃红喜烛，放较长的喜爆，由家庭主要成员开始在正厅堂上祭祖，然后全家男女老少围桌入席团聚。清明扫墓，在父母坟前叩祭时，要在坟头洒一些茶叶，表示报答父母养育之恩，有如茶叶的芳香永远铭记子孙心中。这种用清茶祭奉祖宗的习俗，除江西外，广东等地也很盛行，连云南德昂族也是如此，他们认为："茶叶是茶树的生命，茶叶是万物的始祖""各个民族都喝茶，喝着茶水莫把祖宗忘"。

以上虽然只是江西茶俗的几个侧面，却是民众生活的重要显现，可以清楚地看出民间茶俗的基本特质。虽然民间茶俗不像儒、道、佛各家有系统的体系，但民众把饮茶的理想追求贯穿到衣食住行、婚丧嫁娶、人生礼仪、日常交际等生活的众多环节：正是从这些最常见的现象中，从质朴、简洁、明朗、欢快的风尚中，全面集中体现了中国茶文化与民众思想的有机结合，中国茶文化传统与民众规范的有益实践。

六、独具魅力的茶馆文化

看
听

遍布各地城镇的茶馆、茶楼、茶肆、茶坊，是适应社会生活节奏发展起来的，是市民茶文化最典型的表现。茶馆文化，与清寂中独立思考的以茗为伴迥然不同，倾向于日常生活中的社会交际与欢快趣味。

过去南昌，市民多好上茶馆品茶。那时，南昌茶馆又名茶园、茶社、茶店、茶铺、茶楼，本地人多称为茶铺或茶社。据史载，南昌摆茶铺、开茶庄可上溯到唐宋时期，至今有近千年的历史。江南一带数南昌茶铺最多，规模最大，经营茶业和茶馆业，成为南昌地区重要的传统行业。20 世纪 40 年代，老南昌城以“七门”为基本框架，辖区人口近 20 万，属于中等城镇，茶馆却有 200 多家，遍布全市四面八方，令人叹为观止。仅在船山路一条街上，就有宝华楼、聚贤楼、陈源发 3 家大茶楼，相隔不到 300 米，各自设有

400~500 个座位。靠闹市区有德春园、春园阁大茶楼，靠东、靠北还有福裕春、万花楼、四海全、福兴润、杏花园等大茶楼，其中福裕春茶馆有号称“南昌市半员外”之说。当时较著名的茶馆，还有中山路的青莲阁、聚兴楼、四季春，西大街（现子固路）的黄一层楼、章江门的瑞云楼，胜利路的集仙楼、福胜楼，广润门内箩巷的集贤楼，进贤门外绳金塔的福星楼，高桥的福寿楼等。

南昌的茶馆，大致分为高、中、低三个档次。其中，高档茶馆有两至三层楼，装饰宽敞，装潢考究，并专辟雅室、特座，以茶为主，兼办小吃，也有清音曲艺、琴棋等文娱活动。中档的和老南昌民居相似，装潢上多为木板墙，以青石板铺地，八仙茶桌搭配高脚条凳。虽然设备略差，但大都附设说书的（南昌人叫作听“古儒词”），讲《彭公案》《济公传》《水泊梁山》《包公案》等。低档的大街小巷均有，装修粗陋，地方狭小，仅供劳苦大众解渴。最次的叫作“寡茶店”，多是些老人饮茶谈天说地之处。

南昌茶馆门前大都挂有黑底金色“茶”字招牌，门外书写“清茶细点，一应俱全”。店里陈设的，主要是八仙方桌和长板凳，每位茶客一套带碗盖、托碟的瓷茶碗和一双竹筷。大茶馆的炉灶一般在店堂中部，多的有十个火孔，同时用十把锡茶壶烧开水。茶叶由老账房或老板娘掌管，普通茶叶是香片，如要龙井、毛尖等高级茶叶则另加费。跑堂的茶房往往有过硬的技巧：送茶时，一手提水壶，一手托茶盘，泡茶送点心一起上。泡茶时，一手揭开碗盖，一手冲茶，一冲即准，一准即满，不多不少，不会把开水滴在桌上。报账时，用特殊的腔调唱起来，不仅茶客听得清，而且坐在楼下账房柜台的老板娘也能听清，堪称南昌茶馆一绝。

南昌茶铺例规，大体实行早、午、晚三巡，过了午饭、晚饭时间，需要重新计价，一般茶资低廉，适合平民要求。茶客坐泡第一次茶，叫作“泡头碗”，一般三泡为度。茶客如果有事离座，把茶碗盖翻个面盖好，表示还要来饮茶。在茶馆里不仅可以饮茶消闲歇息，也是通俗文艺娱乐场所，是社会交往的重要场所，信息交流的中心。上茶铺品茶、过早、听说书，成为那时南昌人的一种生活时尚，同时也是很多人一辈子不改的习惯。“茶铺文化”也成了南昌市

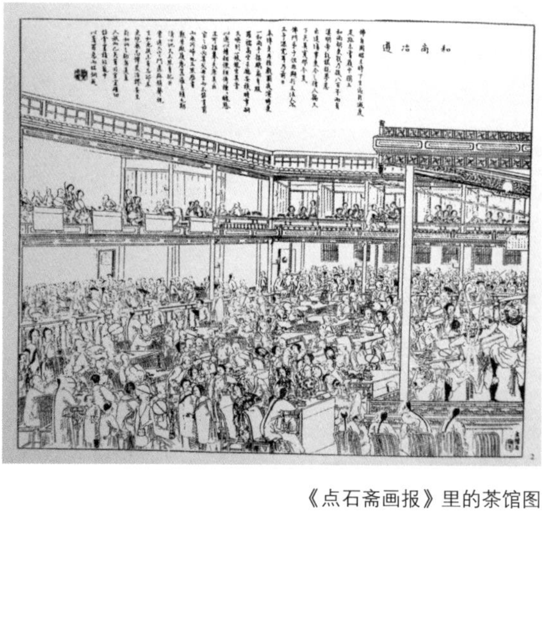

《点石斋画报》里的茶馆图

井文化的重要组成和集中体现。

中华人民共和国成立后，南昌茶铺大大收缩，大都停业改行，只有少量继续维持。自从改革开放以来，南昌茶馆逐渐恢复，南昌八一公园、人民公园、绳金塔、王家巷等地段的茶馆规模较大，茶客也较多。20 世纪八九十年代，还出现了一些格调优雅、情趣盎然的茶艺馆。

随着人们的生活品质越来越高，来茶馆喝茶变成了一种生活享受。

近些年来，南昌市新兴起高雅、典雅和清新、时尚并行之风，各种茶空间、茶书房应运而生，已有约千家，彰显出崭新气象。其格调、品位在全国起着引领与表率作用，经营也是有声有色。这些茶空间不仅仅是喝茶，更多的是弘扬中国茶文化，以及由茶文化衍生而来的各类茶艺培训与文化普及。如今，不少人来到江西就直奔茶空间，体验着茶文化的悠闲雅致，在那里寻找片刻的宁静和心灵的归宿。

自古有 “茶瓷双璧”美誉的景德镇，作为唐代重要茶叶集散中心浮梁的辖区，明清时期御窑所在地，茶馆也是别具一格。

景德镇古代号称“五方杂处”，有“十八省码头”之称，商业繁荣，人流旺盛。市内聚集的数十万人，为茶馆带来了消费群体。民国时期，景德镇市内的茶馆约有 20 多家，著名茶馆太白园、大观茶园、军乐茶园等，多与戏园、园林结合。

太白园是将戏台、茶楼、酒楼和园林融合在一起的大型

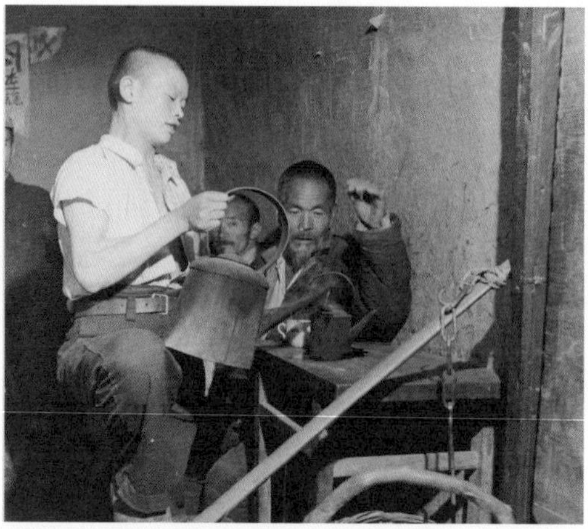

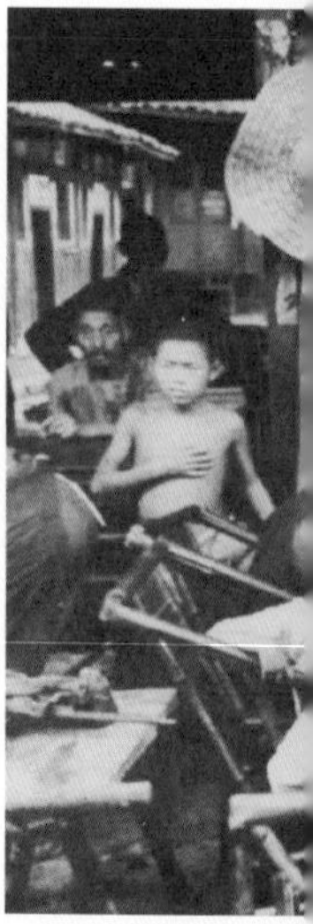

清末民初时期的茶馆

建筑群，占地面积100多亩。1922年开始建造，1924年基本完成。太白园分南北两部分，南园是广植花卉果树、置放奇石异草的园林，北园则为戏台、茶馆和酒楼。二层茶楼与戏台南北相向，中间场地可以容纳观众千余人。端坐看戏，可以品茗休闲；品茶人员，能够观赏戏剧。炎夏酷暑，更是纳凉消夜好去处。太白园内，一度游人如织，宾客盈门，可惜好景不长，仅仅两年，就停止营业。

大观茶园是一家园林式的茶馆，1924年开张营业。茶园的二楼三楼四面皆窗，湖光山色尽收眼底。夏夜增设露天茶座，备有竹靠椅、方桌，沿着莲花塘畔摆开，供饮茶休闲。大观茶园供应的品种，清茶有珠兰花茶、茉莉花茶，高档的有杭州龙井、黄山云雾等，茶点则有瓜子、花生、糕点和糖果等，还有各色充饥的点心及美味高档的菜肴。抗战之后，茶馆停业。

1939年开办的军乐茶园，是一家戏园兼茶馆。这座简易戏台，场内有长条凳座席，可容纳观众四五百人，售票演出并卖茶。后因苛捐杂税太重，流氓地痞敲诈，被迫停业。

景德镇茶馆，同样有不同档次。高档茶馆是富商豪客、文人雅士的相聚之地，消遣之所，提供名茶点心品赏。而一般的茶摊，用粗枝大叶泡出茶水，则为坯房工人或进城乡人光顾。茶馆是三教九流来往聚合之处，龙鱼混杂，不一而足。不过，民国时期，景德镇茶馆有的成为共产党的秘密联络站和地下据点，为革命做出了贡献。

作为瓷业城市，景德镇茶馆形成与瓷业有关的习俗，主要是“留人茶”和“起手茶”。“留人茶”，就是业主请雇工吃“泡茶”。端午节，业主请工人上茶馆吃“泡茶”（一碗茶、两根油条），表明继续留用工人干到七月半。到七月半，业主又请工人吃“泡茶”，证明又要留用干到当年腊月。如果到腊月，业主还请工人吃“泡茶”，说明第二年仍然雇请该工人。如果有一次未被业主请吃“泡茶”，则工人已被业主辞退，只得自动离开。吃“起手茶”，也是约定俗成的行规。过去，陶瓷行业开工生产叫“起手”。开工后不久，约在4月间，老板要请工人进茶馆喝“起手茶”，或吃“起手面”，要求工人拼命干活。

除了南昌市、景德镇外，江西各地的城镇也有大小不一的茶馆。如位于赣西的万载县，茶店一般是前店后厂，厂店合一，即前店是卖茶的茶厅，后店是制糕点的车间。店堂一般陈设简朴，只有八仙方桌和长板凳。经营以粗茶为主，兼营茶食、茶点。乡镇的茶店多以地方风味和经济实惠为特色，成为各地信息和乡间趣闻的传播中心，平民百姓寻求情感交流的最佳场所。当然，随着时代的变迁、社会的发展、消费水平的提高和生活审美水平的提升，江西城乡茶馆都追求时尚，面目一新。

第四章 民间茶道

MINJIAN
CHADAO

茶道是以饮茶、烹茶为核心，在一定的环境氛围中，表达一定的思想感情，具有一定的时代性和民族性的生活艺术活动。早在唐代，中国就出现茶道并传播海外，宋、明时期均有传承和发展，在随后的岁月中又因时而变。民间的肥田沃土，是一切文化的源头和根脉。江西民间茶道，蕴含着十分丰富的内容和非常厚重的积淀。无论农家翁媪，还是茶乡村姑，都有自己古朴清丽、多姿多彩的茶艺形式和茶道文化，也是大量失传的上层文化的蕴藏所在。从民间茶道中，既可以发现中国茶道的历史精华，又可以探索中国茶文化新的发展方向。

一、丰富多彩的武宁茶韵

地处赣北山区的武宁县，是江西著名的茶乡之一，这里不仅有悠久的种茶历史，而且有最具地方特色和乡土气息的淳朴茶道。“李唐而后，江南之人皆嗜茶，而武宁独甚”“至于茶，则僻村深谷，往往专制蓄之法，割牛臆，泛素瓷，甘泉清溪，随地可得，虽屠苏茅茨，其精好不异士大夫家”。（《武宁县志》）这种乡风，从古至今，沿袭不绝。

武宁做红茶外销，各家自制绿茶饮用。宁红茶全县皆产，尤以山区为最，从粗制到精制要经过 20 道工序，以条索秀丽、香气持久、滋味醇厚而驰名中外。当地喜欢饮用的绿茶又叫青茶，制法简单易行，摘来鲜叶，热锅炒软，晒干即成，汤色呈淡绿色，清香爽润隽永，提神醒目，沁人心脾。乡间大都是嫩茶摘制出售，粗茶留作家用，也有用茶果泡茶的。除了饮用茶叶外，当地还有其他名目繁多的茶饮：菊花茶，系用色白朵小的“茶菊”制成。采摘茶菊后，掐去花蒂，单取花瓣，洗净晾干，以盐渍之。盐化后轻轻搓擦，装入瓶中压紧封口，数日后便可泡饮，储藏经年不坏。菊花茶晶莹剔透，味淡返甜，具有散风清热、平肝明目的功能。冲泡菊花茶，多以单一的菊花入茶，也有的以青茶数叶夹泡，微苦中返甜，其味无穷；或者用盐渍储存菊花时拌以橘皮粒，菊花清心明目，橘皮化痰顺气，互为补充，相得益彰；或者在菊花茶中杂以温中补气的生姜，重在营养成分和药用价值的和谐统一。

芎香茶为武宁城乡常饮用品，以茶罐盛红（绿）茶水加泡芎片或芎末，加少许细盐，有清香药味，饮之健脑开胃。芎产大桥北屏山，“北乡以芎和茶，南乡以蕨为粉，蕨粉行于四方，芎之用，唯兴国（今湖北阳新）、瑞昌及本邑村落而已”。当地出产芎香历史悠久，质量上乘，小芎香味浓烈，用作茶饮，故俗称茶芎；大芎多为药用，故俗称药芎。长期饮用芎香茶，有益身体健康，因“茗性寒，芎之性散，皆有明文。土人二物并用，老者寿考康宁，少者强壮自若，未尝见有毫发之损，或地气相宜，抑亦脏腑相习。《本草》诸书，时有不验也”。（《武宁县志》）

莳萝茶，是用莳萝果实加入微量细盐冲泡而成，茶色微黄，茶味芳香。莳萝俗称“土茴香”，多年生草本植物，果实椭圆，可以入药，有健脾开胃消食作用。饮用莳萝茶，是武宁乡间农家的茶俗。

不过，上述茶只能解渴，不能充饥，用当地话说：“冇有嚼头”，于是，村民创造出多种多样的“有嚼头”的茶，例如：芝麻豆子茶，用开水冲泡炒熟的芝麻（白色为上）、豆子（青色为上），加入微量盐姜，此茶清香味咸，略带微辣，边饮边嚼，还有滋补功效。玉芦茶即为玉米茶，因山里人称玉米为“玉芦”。该茶系摘来嫩玉米，剥下玉米粒用盐拌和后略晒储罐。饮用时，将玉米粒倒入小炉罐，用文火慢煮，然后掺入熟芝麻、花生米和黄豆，放上几片茶叶，搅匀后舀入放有炒米的碗内。玉芦茶香甜咸脆，饱人脾胃，暖人心腑，风味独特。薯砣茶，是把新鲜红薯或晒干储藏的红薯切成小四方块，煮熟后撒上熟芝麻、花生米，再放几片茶叶，既可解渴，又能饱腹，味道特别，乡风独醇。枣饼茶，是将自种的枣子晒干蒸熟，捻去枣核，压扁再晒，收藏入瓦罐，可经年不坏。饮用时，将枣饼放进碗里，将碗放在鼎罐里文火细炖，特别讲究炖制诀窍：“火功未到，香味不飘；火大饼焦，香味全消。”枣饼炖好后，抓几片茶叶放在上面，再放两匙红糖，就成了热气腾腾、香气扑鼻、富有营养的枣饼茶。米泡茶，也称“炒米茶”，用大米（糯米为上）炒熟呈橙黄色，加熟黄豆拌和，饮用时放糖搁盐，以开水冲泡，既能充饥，又能解渴。正因为武宁茶的种类繁多，所以当地把喝开水称为“喝茶水”，而“喝茶”则专指“有嚼头”的茶，或者特别说明喝何种茶。

精茶、真水是嗜茶者刻意追求的目标，精茶、真水的融合是嗜茶者最佳的享受。所以，古代的文人雅士强调，“茶者，水之神；水者，茶之体。非真水莫显其神，非精茶曷窥其体”。（张源《茶录》）人们往往误解民间饮茶，以为只有“粗茶淡饭”和解渴式的粗放“牛饮”。其实，山里乡间同样讲究茶叶的品质，讲究泡茶用水的优劣。武宁县“奇峰异壑，不可以数”“甘泉清溪，随地可得”，水质清洁纯净，适宜泡茶煮茗。乡间饮茶，多是“清明前摘焙，溪涧水注之，色微碧，叶绝隽，饮过喉舌间有余味，令人疏豁”。或是“长凹、竹凹茶，入数十叶于精瓷碗，倾以清溪熟水，叶新鲜，全液出，饮之，味清远厚郁，移时则失其妙”。（乾隆《武宁县志》）茶乡人家喜欢用泉水、溪涧水烧茶煮饭，很少喝河水、塘水。不过，山路崎岖，山高路远，有时要得到甘甜佳妙的用水颇为不易。于是，人们创造了特有的“自来水”：把大毛竹一劈两半，用木棒支住，架起阶梯状连绵不断的“水捡”，将泉水或溪涧水由源头直接引到厨房、茶灶。这种引泉煮茗的创造，也被文人墨客津津乐道：“水流清影通茶灶，风递幽香入酒筵。”（戴云《游南山》）

在武宁这块土地上，不仅秀美的峰峦生长着幽翠可爱的茶树，清冽的甘泉冲泡出香味绝佳的茶汤，而且形成了别致考究的烹茶方法：地炉烹煮。地炉俗称“火炉头”，即在堂屋或厨房的地下挖一个圆形浅坑，用砖头将圆坑围住。另将竹索一头吊挂在屋梁之上，一头系着制好的挂钩，挂钩可上下伸缩自如，再将铁镬或陶镬吊在钩上，在坑中架火燃烧。对于地炉的制作、使用和烹煮茶饮的特有情趣，清代乾隆时期《武宁县志》曾做了颇为详细的记述：

宁人嗜茶，就地炉且烹且饮。其制：取六七尺竹，屈其颠而洞其中，颠悬桁上，末注炉间，中斜系木。燕尾长尺许，凿孔以钩挺，上穿竹而下垂钩，可悬铁镬，伸缩上下，视火盛衰，水之生熟为度。镬有耳，耳受高环，环挂于钩上，沸则撤镬之盖。环必高者，便于盖也。凡嫁女用镬；以备房中用也。房中有炉有镬，武宁乡市皆然。

宁人喜地炉，烧榾柮，儿女团坐，烹茶温酒，煨麦果芋栗，火炎炎四达，日夜不辍。山中断斗大木燃之，火尤盛。

地炉的制作和使用，是武宁生活中的一大特色。“嫁女必备”“乡市皆然”，说明了地炉的普及和使用的广泛。这种“火炎炎四达，日夜不辍”的地炉，既可以烹茶煮饭，又能烤火取暖，一物数用，一举数得，便利了山民的日常生活，隆冬时节在严寒的山区更是不可或缺。所以，清代著名诗人盛乐在《山棚鼓子词》中写道：“积雪嵯峨十八盘，闭门枯坐煮荞团。地炉明火连昏旦，儿女无衣不道寒。”

值得注意的是，地炉烹茶有几个重要环节：

一是“且烹且饮”。陆羽《茶经》曾提倡：“乘热连

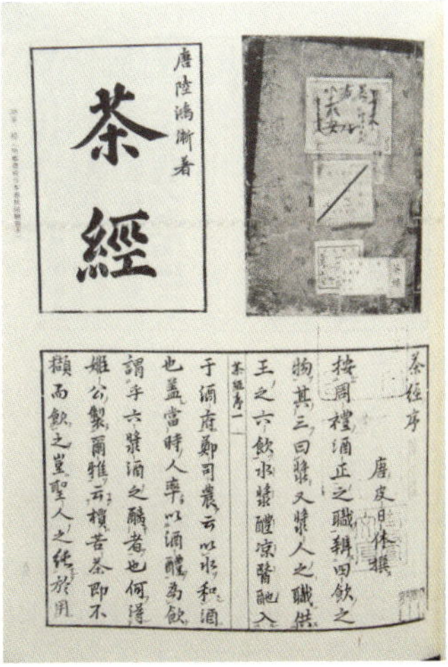

《茶经》（日本翻刻本）陆羽 / 唐代

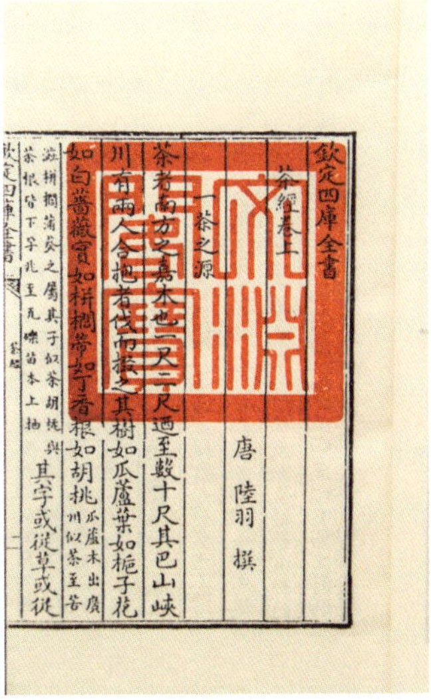

《茶经》（四库全书本）陆羽 / 唐代

饮之，以重浊凝其下，精英浮其上。如冷，则精英随气而竭。”“且烹且饮”正可以“乘热连饮之”，吸取其“精英”。

二是“视火盛衰，水之生熟为度”。煎茶之时，唐人很重视活火和水的滚沸程度。诗人李约曾说：“茶须缓火炙，活火煎。活火谓炭火之有焰者。当使汤无妄沸，庶可养茶。始则鱼目散布，微微有声；中则四边涌泉，累累连珠；终则腾波鼓浪，水汽全消，谓之老汤。三沸之法，非活火不能成也。”（《采茶录》）虽然武宁民间对火的盛衰、水的生熟有自己的见解，但把这两者作为烹茶的重要方面这一点却是与唐人相通的。

三是火以“断斗大木燃之，火尤盛”。这固然因地处山区，“断斗大木”易得，但也由于在实践中发现选择好燃料“火尤盛”。而陆羽早就认为，要将茶汤煮好，对燃料的选择也很关键。最好用木炭，其次用硬柴。沾染了膻腥的木柴，或含油脂多的，以及朽木之类，都不宜用。

看来，武宁的地炉烹茶与唐代的煎茶有某种内在的一脉相承，山区的乡民虽然不一定通晓古代的经典，却颇得唐人饮茶遗风。

二、乡风浓郁的修水茶礼

与武宁同处赣西北的修水县，也是江西著名的茶叶之乡，修水嗜好饮茶，可上溯到汉唐时期。修水古属洪州（今江西南昌）府管辖，双井为县境内一村名。宋代修水籍大诗人、大书法家黄庭坚对双井茶推崇备至，特意带入京师分赠朝中诸友，顿使“双井名茶动京关”。清道光以后，修水又盛产宁红茶。在长期的种茶饮茶历史中，修水形成了一系列乡风浓郁的民间茶礼。

一是以茶敬祖。茶不仅是饮料，而且是敬奉祖宗的供品。每逢春节、端午、中秋等传统节日，都要在祖宗牌位或已故亲人遗像前的供桌上，恭敬地点燃一炉香，供上一碗茶，作揖祈祷，求祖宗、先人保佑全家康泰幸福。这种风俗，流行全国许多地方。但是，修水不仅如此，还要把这碗上过供的茶让全家大小每人都喝一些，相信这样祖宗就会赐福给后代。

二是以茶会友。无论炎炎盛夏户外纳凉，还是数九隆冬围炉烤火，左邻右舍、亲戚朋友集聚一处，女主人都要马上起身端茶。热天喝凉茶，冬天喝热茶。这种“以茶会友”，是经常的、随意的、不拘形式的。大家边喝茶，边聊天，可以说是民间自发和自由的“茶话会”。

三是以茶待客。修水民风淳朴、热情好客，不论生人熟客来到家里，必先端上一碗热气腾腾的家乡茶。敬奉香茗，成为修水人热情好客最直接最朴素的体现。这里的人与外界打交道，先不谈别的，第一句话便是：“坐下宕，戏下宕，吃碗茶宕。”这句圆润温软的吴楚细语，道尽淳朴民风。宾客光临，男主人陪坐，女主人即操持奉茶。泡茶不宜太满，俗话说“茶泡浅，酒斟满”。修水人称喝茶为“吃茶”，故以佐料入茶，极尽讲究。接待贵宾，茶料下得特别足，以“上不见水，下不见底”“一吹三层浪”为最好，待客最恭。

修水以茶待客极讲礼仪：向客人敬茶，来客只一两人时，上茶一般用手端；来客多时，则用茶盘托送。送茶顺序，多以年长、尊者为先。上茶时，奉茶人不能与客人正面相对，而要侧身上前，同时说声“请吃茶”。上完茶后，退时也不可背对客人，应是侧身而退。送茶时，托盘可以无方向，但茶碗有方向，即碗把应朝客人。用手端茶时，也不能捏住碗口，要一手托碗底，一手帮衬，碗把向着客人，双手递送。客人也要站起身，双手接茶，还要道一声“多谢茶”。

芝麻豆子茶

茶碗一般端在手中，如暂时不吃，应放在桌上中间，不能放在桌边上，更不能放在地上。茶吃完，应自行将茶碗放回茶盘。

经过上千年的饮用，修水把茶的解渴清暑、医疗保健功能和民间交往礼俗相结合，形成了各式各样的茶的佐料与饮茶习俗，打上了浓重的各具情态的地域文化烙印。例如仁乡茶以礼数周到著称，茶料除茶叶外，通常使用的是菊花、黄豆、芝麻三种，俗称“芝麻豆子茶”。其特点是茶色淡雅，清香可口，用料普通，流传较广。奉乡茶喜爱清香解暑，在芝麻豆子茶的基础上，还用萝卜条下茶，清香味浓，嚼之脆响满嘴生津。

泰乡茶又称“爆茶”，因通常以“爆米”为主要茶料。泰乡茶还有以小麦为主要茶料的“小麦茶”和以嫩玉米为主要茶料的“苞芦茶”等。泰乡茶芳香可口，当地人说“半碗作料可以饱肚子”。在劳作之间，吃上一碗这样的茶，既能解渴，又能充饥，很受劳动者的青睐。

但最有地方特色的，还是作料繁杂

《明人品茶图》佚名／明代

的“什锦茶”：把用盐腌制的菊花、萝卜、生姜、柑子皮和炒得喷香的芝麻、豆子、花生以及花椒等，放上茶叶一起冲泡。这种风味茶饮，重在营养成分和药用价值，与茶开始是作为药物的历史风俗是一致的。虽然明代以后逐渐流行清饮法，茶叶掺和果料、香料的饮茶习惯逐渐消失，但在修水依然保留着这种古朴的风俗。品茗时的下茶之物，都是当地的薯片、蚕豆、红壳饼之类的土特产，还有煮鸡蛋。

怀远酌茶，则主要是客家人饮用的一种茶。此茶一般用陶罐冲泡，茶料简单，只放粗茶叶或茶子球，有的也放少许花椒。夏天酷暑，饮用此茶，清凉爽口，别有风味。以前没有热水瓶，秋冬季饮用酌茶，为保持温度，一般用棉花、稻草、竹絮之类将陶罐扎紧。

修水茶俗广泛涉及大众的婚嫁迎娶、生老病死，生子得有“报喜茶”，结婚得有“交杯茶”，人死得有“天堂茶”，林林总总，不一而足。同时，修水宁红茶在清代远销俄国。在吸收当地民间茶道的基础上，当代修水县编创了“宁红太子茶茶艺”，共七道程序，主题突出，特色鲜明。

三、琳琅满目的婺源茶情

婺源有 1200 多年种茶、制茶的历史，素有“唐载《茶经》，宋称绝品，明清入贡”之说。这并非夸耀之语，而是有充分的史料依据。

唐代陆羽《茶经》中，有茶“生婺源山谷”之语。唐大中十年（856），《膳夫经手录》记载，“婺源方茶，置制精好，不杂木叶，自梁、宋、燕、并间，人皆尚之”。南唐刘津《婺源诸县都制置新城记》中，称“婺源茶货实多”。茶树生长喜温、耐湿、好雾，婺源境内群山高耸，云雾缭绕，气候温润，寒暑分明，雨量充沛，土壤肥沃，这种气候环境和土壤条件特别适合茶树生长和茶叶生产。

宋代，婺源茶叶声名卓著。《宋史·食货》记载全国“皆绝品也”的 6 种名茶，婺源谢源茶即为绝品之一。婺源又为南宋理学家、教育家朱熹的故里，儒学盛行，文风鼎盛。

而朱熹又是了解茶叶、熟悉茶事之人，他撰写茶诗，以茶喻理，更是加速了婺源茶叶的传播。

明朝婺源茶叶受到朝廷赞赏，溪头梨园茶、砚山桂花树底茶、大畈灵山茶和济溪上坦源茶被列为贡品。济溪上坦源茶因叶脉洁白、香馥味醇，曾获得嘉靖皇帝赏赐匾额。

清乾隆年间（1711—1799），婺源茶叶被列为中国外贸出口物资。婺源绿茶颜色碧而天然，口味香而浓郁，水叶清而润厚，曾长久享誉海外，在国际茶界得到高度评价。在唐代茶成为“举国之饮”的推动下，在文人雅士的引领下，在千年以来茶香的熏陶下，婺源县茶俗蔚然成风，茶礼随之衍生，茶道更为兴盛。无论缙绅大夫，还是文人富豪，抑或贩夫走卒，都以茶为事，以茶敬客，以茶交际，以茶养性，琳琅满目的茶风遍及婺源城乡。

《卢仝烹茶图》佚名 / 宋代

一是饮茶之趣。婺源人早晨起床，把泡茶作为头等需要。当地民谚云：“喝了十碗茶，赛过神仙爷。”这与唐代卢仝所说“七碗吃不得也，唯觉两腋习习清风生”情趣迥然不同。一般是，投入大把茶叶，用三沸水冲泡，叶一半，汁一半，略为品啜，便开始牛饮。他们认为，种茶人吃茶就要吃出土色土香的味来。

在婺源，茶饮分大路茶和细泡茶。大路茶，一般为解渴所需；需招待客人，就讲究“茶必嫩，器必雅”。在婺源，红茶没有市场，当地人嗜好绿茶并以陈年绿茶为正宗。贮茶喜用锡罐，饮茶多用瓷壶。客来敬茶时，有乡间不成文的茶仪茶礼：茶过三巡，水不满杯，汁不外溢。

二是用茶之趣。在婺源民间，有多种多样的用茶习俗。例如：“洗儿茶”，小孩出生后，第一次沐浴，要用茶叶煎水来洗。“茶叶枕”，用粗茶填充的枕头松软，还可清心明目，用于防治头晕眼花。“醒酒茶”，饮酒过量，泡浓茶加糖饮用，可以尽快醒酒。“寿礼茶”，寿诞赠送的礼品红色喜庆，要配以一枝绿色的茶叶，显示生意盎然，寓含多福多寿。“避邪茶”，购买的金银首饰收藏时，用红纸包着，内放一撮干茶，据说可以避邪。

婺源其他古代文化也传统深厚，民居建筑别具特色，古代雕塑工艺遗风仍存。婺源人喝茶，因社会阶层、经济地位、审美趣味的不同，形成了追求、技艺、风尚不同的茶道。20 世纪 90 年代，婺源县从民间整理出农家茶、富室茶、文士茶。这三种茶道繁简有异，规范不同，器物不一，情趣有别。

农家茶，源于婺源农村的实际生活，常用壶泡茶分饮。农家茶道，茶重内质，采用婺绿特级茶、溪涧山泉；茶具是日常使用的古朴器物，为青花瓷壶、汤瓯、铜水壶；表演程序简洁明快，为备具、备茶，赏茶、荡瓯，投茶、冲泡，分茶、敬茶，品茶、收具。侍茶村姑身穿青花衣裤、腰扎肚兜，表演时气氛随和亲切，富有真诚、纯朴的乡土气息，展现出纯粹农家田园风味。

富室茶，源于婺源旧式富裕人家，招待富商巨贾。富裕人家，会客在堂前花厅，明窗净几，高大宽敞。品茗时，就座八仙桌旁、太师椅上，茶席气派，茶贵形美，器比奢华。富室茶道，选用婺绿墨菊茶、活泉水，粉彩滗盂和锡壶等名贵器物。表演时，有备具、备茶、赏茶、涤具、投茶、浸润泡、冲泡、敬茶、受茶、品茶、收茶具等程序。茶艺姑娘身着浅色旗袍，显得清雅素朴、端庄大方，润茗冲茶，纤手轻扬，茶饮重礼，敬茶有序，相敬如宾，气度雍容。

文士茶，招待的是文人雅士，追求的是儒雅风流。自古以来，插花、挂画、点茶、焚香等“四艺”，为文人雅士所好。在日常品茗时，他们喜爱书斋庭院、竹坞流泉，泥炉郭炭、瓦罐竹勺，茶重形质、水选名泉。为此，文士茶道，茶为婺绿茗眉、灵岩剑峰，水为廖公泉、廉泉；茶具清雅精致，为青花梧桐滗盂、泥壶。其表演程序最为繁杂，包括备具、焚香、盥手、备茶、赏茶、涤器、置茶、投茶、冲泡、献茗、受茗、闻香、观色、品一巡茶、上水、品二巡茶、收茶具。表演时，侍茶者穿明清之际流行的中装褶裙，富有浓重的传统文化色彩。焚香、盥手、备茶、赏序，飘逸之感，油然而生；轻啜慢品，陶然自得。文士茶道的行云流水，进入汤清、气清、心清、境雅、器雅、人雅的境界。

毫无疑问，婺源茶道表演并不是“原生态”的民俗事项，而是力图做民间茶道的再现、还原、展示。婺源县茶艺表演团曾经坦陈：“由于主体、地域、文化的不同，茶道在实际生活中也是多层次的，呈现出各自不同的审美意识。”婺源从民间整理出来的茶道表演，“尽管程序规范繁简有异，但追求的道德品质是一致的，就是‘敬、和、俭、静’。

上饶婺源县茶园

四、功用多样的赣南擂茶

看

听

江西被称为“客家摇篮”。从魏晋南北朝开始，北方汉民历经长期的多次向南大迁徙，辗转到赣闽粤边区之后，与当地土著相融合，大约在宋元之际形成了汉民族的一支新秀——客家民系。其中的一部分人，在江西扎根生活，还有的由此中转，走向全国，乃至世界。

客家人喜爱茶，离不开茶。客家人从中原扶老携幼，南迁到赣闽粤地区，饱受旅途奔波困厄之苦。在漫漫长途中，一碗热茶，慰藉身心。茶成为客家人生产、生活的重要组成部分。

客家茶很重视功能作用，有不同效用的茶饮：“祭奉茶”，是为祭祀祖先的茶，清晨，洗净茶具，泡好清茶，放在祖先神龛前以供奉祖先。“敬宾茶”，招待一般宾客，以普通茶叶浸泡，加适量白糖或冰糖。“贵宾茶”，接待最尊贵客人，以家中最好的茶叶冲泡。此外，还有“行善积德茶”，免费招待行人，行善积德，济困解厄，以普通茶叶或茶子壳煎熬。即使同为保健茶，也会对茶饮细分：“消暑茶”，是为了消解暑气，以性寒的中草药煎熬；“清凉茶”，用于清泻心火，以清凉的中草药夏枯草、竹叶、菊花、车前草等煮饮。

客家茶叶，有绿茶、红茶、擂茶等；茶具有茶几、茶壶、茶杯等；制茶方式有冲泡茶、涩茶、滑茶、苦茶等。茶点讲究风味特色，如花生米、南瓜子、豆子、油酥的红薯干、南瓜花、醋浸的生姜、大蒜头、芥菜梗等。客家人喝茶讲究茶道、规矩，如茶具应洗涤干净，先给长辈敬茶；喝茶时速度不紧不慢，姿态从容优雅，强调“坐相”与“吃相”。

客家擂茶制作步骤

客家人热情好客，客人无论来自何方，客家人都会笑脸相迎，沏好茶水，端上茶点，主客其乐融融，使人倍感亲切温暖。传统的客家乡村，路上建有许多茶亭，茶亭相望，景观斐然。有的客家县，过去就曾有茶亭数百座。每天一大早，总有人将烧好的茶水送至山亭，倒进茶桶，供路人解渴。这种关怀别人、广行善事的“施茶”，反映出客家人真诚的人性美与人情美。

研究客家文化的林晓平教授认为：客家茶文化不是简单地喝茶、品茶，也是一个系统的文化创造过程。从种茶树到摘茶叶、制茶，到劳动过程中产生的山歌、采茶歌、茶篮灯、采茶戏等；从泡茶、品茶由此引起的心灵愉悦，到岁时节日中许多与茶有关的民俗活动，是从生产到生活、娱乐的交融，是全方位的文化创造过程。

客家茶文化的创造性，突出表现在特色鲜明的擂茶。赣南擂茶的功用是多方面的：

一是赣南人一年四季的饮品。在夏收夏种期间，赣南有“打点”的习惯，即在午饭前先吃一餐擂茶，并伴有茶点，如花生、糍粑、米粿、烫皮等。吃完茶后，再劳动一段时间才吃午饭。当地俗话：“吃擂茶，伴粑粑，饱肚皮，壮体格。”

二是喜庆之时的必备食物。遇到儿婚女嫁、添人进口、小孩满月、过生日等喜庆日子，更离不了擂茶。其喝茶人数之多，场面之热闹，都是外地人所想象不到的。

三是待客的佳品。每当客人临门，好客的女主人都要即时做擂茶。煮好后，用大容器盛好端出放在茶桌上，任凭客人自斟自舀。

四是治病的良品。赣南擂茶不但有止渴生津的作用，而且还有健脾提神、疏肝理肺、治疗感冒等功能。中华人民共和国成立前，赣南缺医少药，有点小毛病的人，往往靠擂茶消病止痛。

五是有着诸多适应性的保健用品。擂茶因配料的不同及

赣南客家擂茶制作场景

分量的加减而产生的功能也不同，加入菊花、金银花等配料可以增加凉性，达到清热解毒的效果；加入薄荷叶，则可提高祛湿热的功效；加入陈皮、肉桂等，可提高温性，有助于祛寒。

擂茶的起始，可以追溯到三国时期《广雅》记载的茶与其他食物一起煮食。流行于宋元时期民间的日常生活百科全书《事林广记》，对擂茶做了详细介绍。宋元以后，清饮法风靡开来，调饮的擂茶仍以顽强的生命力在民间存续下来。

在赣南，喝擂茶的历史非常悠久，并且不同的县份还有一些独特的风习。清代同治《兴国县志》曾记载：

平时宾客偶至，必呼酒留饮，佐以果盒，曰把盏……

把盏之后，继以擂茶。捣茶叶为末，加芝麻、油盐及姜，瀹而羹之，陈列果品，再三劝进。女客至，尤尚此。农工力作，午间亦设以相劳，皆习俗之近厚者。《志林》讥其口之于味，固与人殊，殆素未经见，不免诧而异之耳。

兴国县喝擂茶，日常生活中是午间的一次“加餐”，招待宾客是“把盏之后”的饮品。“陈列果品，再三劝进”，说明了民间的热情好客，“女客至，尤尚此”，表明了精于擂茶的对象。

制作擂茶有专门的工具，其中擂钵、擂棍、捞子称为“擂茶三宝”。擂钵为陶制品，口径大小不等，内有粗密沟纹；擂棍则是用上等食用木制成，以油菜树和山楂木为优，长短大小视擂钵而定；捞子为竹制品，由粗篾编织而成。制作擂茶时，先要准备好茶叶，配以适量的芝麻、姜片等材料，放入钵内，用擂棍顺着钵内沟纹旋磨，直至将茶叶等捣成碎泥状，再用捞子滤去残渣，留下茶泥放入茶盂，冲入沸水，搅拌数下，即成

擂茶三宝

擂茶。擂茶非常可口，清香甘甜，不仅有茶叶的清香，还有芝麻、花生、豆子等的混合香味，生姜的辣味，以及茴香、八角、薄荷等的特殊香味，是一种集香、甜、辣于一体的复合型浓烈多味茶。

制作擂茶的茶叶，一般选择老叶，老叶味浓，能提神醒脑，夏饮解暑不怕热，冬饮添暖不畏寒，健胃健脾，爽口洁齿。虽然擂茶的主要原料为茶叶、芝麻、生姜，并放入茶油、食盐，但有的用料也非常丰富，会配上花生、黄豆、茴香、八角、薄荷等。擂茶的材料因喜好而异，食用方式也有所不同。如果以绿茶、花生、芝麻、谷类、麦类、豆类（绿豆、黑豆、红豆、黄豆等），以及中药材（淮山、莲子、薏仁等）为原料的，大多就是混合研磨后加水，单纯当作饮品用。如果是用来取代正餐的擂茶，则会加入大量的米籽，并且搭配一些热炒小菜。如瑞金擂茶，就很有特色：先将花生仁和黄豆炒熟，然后同茶叶一起放在擂钵中擂烂，还放一些辣椒、盐、姜末和白芝麻，擂好后倒入滚烫的开水，最后还要倒入一汤匙熟茶油。这种擂茶，具有鲜、香、咸、辣的特点，令人胃口大开。

赣南人吃擂茶有许多讲究：入席后，每人面前的大碗内先备有半调羹擂茶脚子，然后再将用铝壶烧得沸腾的开水冲入。冲水时，讲究壶由低到高又由高到低，水由慢到快又由快到慢，由小到大又从大到小，快速冲入，将水在碗中冲成旋涡，从而把茶脚子冲匀，才算得有水平。喝茶时，喝得越多主人越高兴，当地人有三碗起步、四碗顺心、五碗登科、六碗两顺、八碗大发之说。

当然，在江西喝擂茶的不仅仅是赣南。如抚州地区的临川县，相传自南宋起就喝擂茶，数百年遗风不变。在南城县，旧时“乡间多取老叶自制茶，价一斤可钱十文。会时取茶与胡麻或莱菔子，杂盐擂之，谓之擂茶”。（乾隆《建昌府志》）在吉安地区的遂川县，擂茶的原料更多，有茶叶、生姜、生米、食盐，还可以分别加入芝麻、花生、绿豆、白糖等作料，有香、有甜、有咸、有辣，以满足客人各异的口味。佐茶的点心，一般有酒浸辣椒、荞头、萝卜、蒜脑，油煎过的玉米、黄豆、豆角、黄瓜花，炒熟的花生、瓜子等。碟数为单，一般为五、七、九。从全国范围来看，喝擂茶的地方更多，如湖南的桃花源擂茶、桃江擂茶、安化擂茶，福建的将乐擂茶等。这些擂茶虽然原料不同，味道有别，饮用时的风俗各具特色，但其功能却既是饮品，又是保健药品，实际上是古人将茶和其他辛辣型、花香型、食物型作料一起煮饮的传承和提升。

如今，赣南客家擂茶已进入人类非物质文化遗产名录。根据现实编创的“赣南客家擂茶茶艺”表演，其浓郁的乡土气息，明快的动作节奏，生动的生活情趣，大众的便于参与，使每一次表演都受到热烈欢迎。无论在国内还是国外，都是如此。

五、悠闲自适的各地茶习

武宁、修水是宁红的产地，婺源是婺绿的家乡，擂茶是赣南的创造。这些地方盛行茶事，流行茶道，自然在情理之中。而江西有些地方虽无知名茶叶，但也形成了悠闲自适的茶风茶道，同样存在并流行于民间，其中新干县堪称其中的代表。

对于新干县种茶、饮茶方面由量到质、由少到多、由粗到精的变化，清代同治时期《新淦县志》有颇为翔实的记述。

其中《新淦县志》，纂修于清同治九年（1870）。这段记载所说“嗜者至近日极矣”“今则处处种之”，不会晚于县志纂修之时，也就是说，距今起码有150多年了。但在当时，饮茶之风可谓盛矣。而且，“家无担石，且去寻旗枪”，即使没有隔夜之粮，也要去寻求好的茶叶，也

吉安新干县

算痴迷到家了。这种悠闲自适的茶风，真正登峰造极了。

不过，新干的饮茶风俗，倒是起步颇高："味别新陈，质衡轻重，色辨精粗"。对于茶味、茶质、茶色，都有明确的衡量标准。冲泡的技巧，时机的掌握，也都力求精细，力争做到"香不涣散，味不耽搁""不先不后，只有一时"。因为"太早则未足，太迟则已过"。至于茶具，新干多用锡、瓷器具，连茶碗村碟也是用瓷器。但在新干民间，迎合江南文人审美情趣的宜兴陶壶也很销行，因为一般平民百姓也玩味"精茶配妙器"。

其实，在江西各地，精茶妙器，分用茶具，颇为广泛。江西民间，茶具颇有自身特色，每种人用什么茶具也有一定的习惯。像大家庭里，有包壶、藤壶、小杯盖碗茶具之分。包壶是一个特大锡壶，用棉花包起来，放在一个大木桶中，木桶留一小缺口，伸出壶嘴，稍一倾斜即倒了出来。这种茶是供下人、长工、轿夫喝的。藤壶是略小的瓷壶，放于藤制盛器中，有点像明代的“苦节行省”。倒茶时，提出瓷壶，斟在杯中，这是一般家人和一般来客喝的。而一家之主，喜庆节日，贵客临门，则要用新茶原泡的盖碗茶。

另外，江西对于饮茶时的茶点也很讲究。九江茶饼，就是著名美食，亦为贡品，起源于唐代浔阳楼江边一带，繁荣于明清时期。九江茶饼是“中国十大传统名饼”“江西四大糕点之一”，采用传统工艺和现代技术研制而成。其色泽金黄，小而精致，薄而香脆，酥而甜美；茶油的清香，丹桂的芳香，纯碱的奇香，融为一体。

相传，“九江茶饼”是唐代诗人韦应物与友会于浔阳楼时命名。因此，韦应物被后世的茶饼匠人奉为“茶饼始祖”。韦应物与九江有缘，的确如此。唐贞元元年（785）秋，韦应物任江州（今江西九江）刺史，唐贞元三年（787）入朝为官。这段经历，对韦应物影响很大，他的别称之一就是“韦江州”；他今传的作品，有十卷本《韦江州集》。韦应物曾写出“始罢永阳守，复卧浔阳楼”的名句，在此地与九江茶饼相遇，倒也顺理成章。

更何况，韦应物还是爱茶之人，有《喜园中茶生》诗：

洁性不可污，为饮涤尘烦。
此物信灵味，本自出山原。

聊因理郡余，率尔植荒园。
喜随众草长，得与幽人言。

作品写于韦应物在刺史任上，表现他在公余之暇种植茶树的情形。这首诗虽写种茶，实际还是讲饮茶，表达出希望涤去尘烦、保持高洁、轻松淡远的人生态度。爱茶的韦应物为九江茶饼命名，是因为他懂得喝茶吃茶点，茶与茶饼相得益彰，增色添香。

江西各地这些悠闲自适的茶习，是民间茶道的底色与亮色。正是在民间茶道熏陶和营养吸收下，江西成为“茶艺师的摇篮”，茶艺编创也多姿多彩。茶艺编创的历史系列，不仅仅是依据文献，更是时至今日仍然具有生命力的、存在于民间的生活积淀。更不用说民俗系列、民族系列、时尚系列，完全来源于当代活跃的茶文化事项与历代遗存的民间茶道基因。而且，茶艺的编创形成了一种“聚合效用”，就是民间茶道与多种文化的叠加和升华。九江职业大学编创的《天赋味道九江茶》，就是这方面的最新案例。茶艺以20世纪初，俄国商人到同春荣茶栈采办茶叶为背景。通过俄国商人的视角，回顾了历史上九江茶与九江茶市的繁荣；九江作为内地的重要港口，在万里茶道和长江流域都起到了重要作用；独特的山水人文，赋予了九江茶深厚的文化底蕴，造就了天赋味道“九江茶”。

当然，《天赋味道九江茶》并非个案。继承优秀传统的血脉，探寻民间茶道的沃土，汲取各种文化的养料，茶艺的编创与发展一定有深厚的根基，广阔的天地和永久的活力。

第五章 茶叶艺文

CHAYE
YIWEN

江西“物华天宝”“人杰地灵”，历来人才辈出，文艺引领风尚。在茶叶文艺方面，也是成绩斐然。囿于篇幅，本节只介绍有全国甚至世界影响的江西茶文集、茶故事，在全国首创的茶歌、茶舞、茶戏等表演艺术。

一、影响深远的茶著作

看 听

明代是饮茶文化的重要转折时期，也是茶典籍文献极大丰富的历史朝代。由于种茶、制茶、饮茶的风尚变得更为普及，所以茶文化得以继续发展并深入民间。同时，刻书和印刷业的发达，书商把茶书作为牟利工具，以及名人文士之间巾帕本的风行，为明代茶书的大量出现创造了条件。作为历史上的文化和茶叶强省，在明代茶书编撰潮中，江西人也不甘人后，积极参与，发挥作用，做出了重要贡献。

在明代茶书之中，朱权《茶谱》自然名列榜首，几可比肩陆羽《茶经》、赵佶《大观茶论》。在中国茶文化史上，明代是茶书最多的时期。朱权所撰《茶谱》，作为“崇新改易，自成一家”的旷世之作，在明代茶书中独占鳌头。

朱权还耽乐清虚，悉心茶道，构筑精庐，创建道观，其地在南昌郊外西山缑岭。这里，正是唐代以来享有盛誉的名茶“西山白露”的产地。在此环境里，经历大起大落的朱权，其颓废的心态得以平复，在茶饮世界寻找到心灵慰藉。他原有的政治抱负、艺术才情，在茶灶的腾腾烈焰中，在茶瓯的袅袅茶香里，得到充分展现，发生升华，化作永恒。他于明正统四年（1439）撰写的《茶谱》，新意迭出，内蕴深厚，不仅是饮茶经验和体会的总结，也是自身人生经历与心态的真实写照，还是元明茶文化承前启后的发轫之作。朱权《茶谱》为整个明代文人茶事乃至于茶文化的繁盛，定下了基调，对中国茶文化贡献巨大。

《茶谱》的序言对茶道的要义、价值、功能进行了简明扼要的概括：饮茶是高雅之事，是表达志向和修身养性的良法。饮茶是“林下一家生活，傲物玩世之事”，又是“云海餐霞服日之士”的共乐之事。品茶的系列活动，可以“扩心志之大”“副内炼之功”“有裨于修养之道”。在幽雅的品茗氛围中，与客清谈款话，“探玄虚而参造化，清心神而出尘表”“茶之为物，可以助诗兴而云山遁色，可以伏睡魔而天地忘形，可以倍清淡而万象惊寒，茶之功大矣”！以茶雅志、以茶修身，正是茶有益身心，助力社会的强大功效。

“崇新改易，自成一家”，是《茶谱》一书的自诩，也是作者的追求。朱权的茶道与前人不同，主张雅化茶事，简化品饮程式，具体体现在六个方面：

一是茶风的随性简约。对宋代茶饮的奢靡之风，朱权并不苟同。在他看来，饮茶应该超尘脱俗，具有隐逸情调。朱权认为："然天地生物，各遂其性，若莫叶茶，烹而啜之，以遂其自然之性也。"明确反对宋人在制作团饼茶时加入香料的做法，主张饮用叶茶（散茶），以顺从茶叶的"自然之性"，突出茶的真香真味，并首创用自然花香来调制花茶。简约而不奢华，淡泊而趋雅致，这才是茶中真谛。

二是茶侣的性情雅合。朱权重视茶侣的选择，只有清新脱俗、逸趣高妙的同道中人，才能够做到"忘绝尘境，栖神物外，不伍于世流，不污于时俗"。远离尘俗之外，方能得茶中雅趣。"为云海餐霞服日之士"，这样的人才有资格走进茶饮天地。

三是环境的清雅闲适。理想的品茗环境是："或会于泉石之间，或处于松竹之下，或对皓月清风，或坐明窗静牖。"简朴自然、清新雅致，洁净闲适、超凡脱俗的品茗氛围，才能实现茶人茶客之间、人与自然之间、人与环境之间的和谐统一，才有助于修身养性、净化心灵，追求仙风道骨、飘然物外的感觉。

四是茶具的删繁就简。在茶具方面，《茶谱》列出了茶炉、茶灶、茶磨、茶碾、茶罗、茶架、茶匙、茶筅、茶瓯、茶瓶等 10 种必

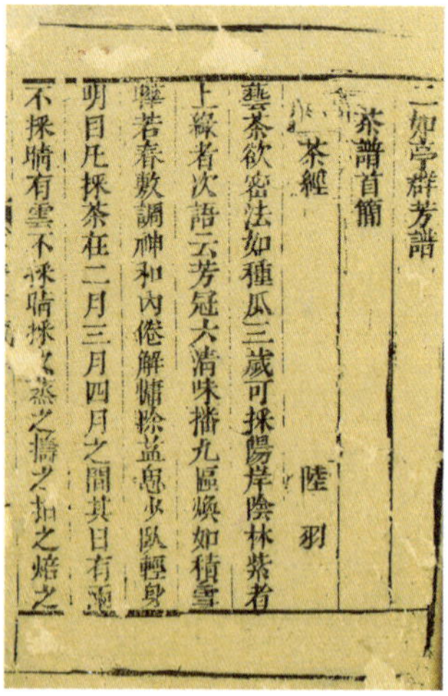
二如亭群芳譜
茶譜首簡
茶經 陸羽
藝茶欲茂法如種瓜三歲可採陽崖陰林紫者
上綠者次語云芳冠六清味播九區煥如積雪
曄若春敷調神和內倦解慵除益思少臥輕身
明目凡採茶在二月三月四月之間其日有雨
不採晴有雲不採晴採之蒸之擣之拍之焙之

《二如亭群芳谱·茶经》陆羽 / 唐代

不可少的茶具。与陆羽《茶经》所记烹茶二十四器相比，已经大为减少。同时，朱权反对采用“雕镂藻饰，尚于华丽”的茶具，极力主张选用清白可爱、古朴雅致的茶具，并创制了适应野外烹茶的茶灶，贯穿了以清雅为主的美学观点。

五是烹饮的程序简化。《茶谱》中极力提倡的煮茶方法，仿自宋代的点茶法，要把散茶碾末而饮。作为茶艺的过渡时期，朱权提倡饮散茶，烹茶法更趋于简约。由此开创了有明一代的简约茶风，为明中叶以后散茶瀹饮风尚的确立，开辟了道路。

六是清赏的雅致交流。品茶生活艺术化、审美化，是明代文人的共同追求。品茶不仅是艺术美的创造过程，而且是艺术美的鉴赏体验过程，是幽雅情趣的追求过程。追求一种“寄形物外，与世相忘”的境界。

朱权的茶道是一个系统，是须臾不可分割的整体。《茶谱》，对于品茶过程的描述极为生动具体、精彩细致。

命一童子设香案携茶于炉前，一童子出茶具，以瓢汲清泉注于瓶而炊之。然后碾茶为末，置于磨令细，以罗罗之。候汤将如蟹眼，量客众寡，投数匕入于巨瓯。候茶出相宜，以茶筅摔令沫不浮，乃成云头雨脚，分于啜瓯，置之竹架。童子捧献于前，主起，举瓯奉客曰：“为君以泻清臆。”客起接，举瓯曰：“非此不足以破孤闷。”乃复坐，饮毕，童子接瓯而退。话久情长，礼陈再三，遂出琴棋，陈笔研。

或赓歌、或鼓琴、或弈棋，寄形物外，与世相忘。斯则知茶之为物，可谓神矣。

在茶道流程中，茶品的选择、水品的鉴别、环境的营造、茶具的选用、品茶对象的要求，都与唐宋两代有了明显的区别。尤其是在超凡脱俗、宁静和谐的整体氛围中，通过自然质朴、简约细致的品饮活动，达到一种主客和谐、洗尽尘心、冥合万物的心灵体验，比唐宋茶人对品茶的追求更进了一层。《茶谱》中这些对品饮艺术的规定和要求，后人称为“朱权茶道”。

朱权茶道既继承了唐宋时期茶文化的长处，又根据时代发展进行了变革与创新。其核心是倡导清饮雅赏，简化品茶程式，追求内心独特的审美体验。这一切，体现了宁静淡泊、契合自然的简约茶风，表现出返璞归真、自然和谐的美学追求，代表了明代茶文化的时代风格和审美旨趣。朱权茶道还传入日本，对于日本茶道发展发挥了积极作用。

其实，除了朱权《茶谱》之外，明代江西人编的茶书，还有一部具有国际影响。这部茶书，就是明末喻政编成的《茶书全集》。

日本著名汉学家、中国茶史研究开创者布目潮沨教授编撰的《中国茶书全集》，是最有影响和使用价值的茶书之一。《中国茶书全集》系由中国古代刊行的茶书善本与日本的和刻本影印合编而成，分上、下两卷，各400页，

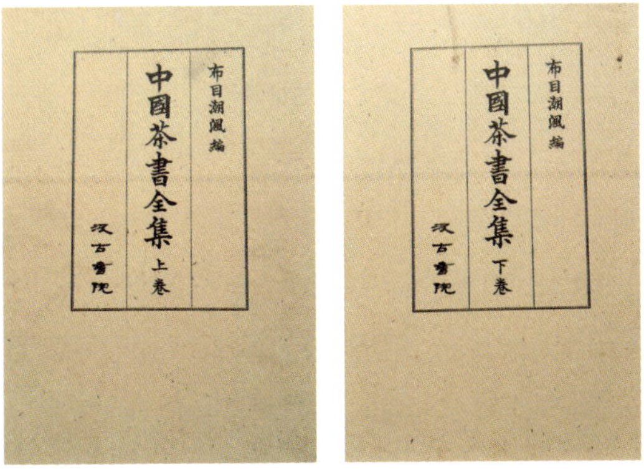

《中国茶书全集》（上、下卷）喻政 / 明代

1988 年 12 月东京汲古书院出版。该书上卷收入明末喻政万历壬子序《茶书》（通称《茶书全集》）的全文，与万历癸丑序刊本的增修部分，以及《茶书全集》未收的茶书，总计取有唐、宋、明、清的茶书 34 部。下卷收录陆羽《茶经》的各个版本与注释本，以及除《茶经》之外的中国茶书的日本翻刻本。《中国茶书全集》几乎网罗中国茶学的重要茶书，并且均为原本影印，省减了寻找原始材料的不便。《中国茶书全集》按照资料的原始面目收录了清代以前的重要茶书，是唐、宋、明、清茶书之集大成者，用编者的话说，“已将中国茶史研究的重要书籍，大抵网罗了”。《中国茶书全集》所收的茶书版本务求精良，其中有些茶书在中国也是稀有善本，甚至还是目前仅见的孤本。

明代《茶书》的编集者喻政是江西南昌人。明万历二十三年（1595）进士，历任南京兵部郎中、福州知府，后升巡道。《茶书》并非喻政所撰写，而是他与福建著名藏书家、目录学家徐𤊹（1563—1639）一起编撰的历代茶书合集。徐𤊹虽有文采，却不乐仕进，整日坐拥书城，以读书、藏书、著书为乐。他家藏书楼，蓄书7万余卷，且多宋本秘本，茶书达30余部。在当时条件下，罗致如此多茶书，极为不易。

《茶书》分两个版本：万历壬子版（1612）和万历癸丑版（1613），也分别称为甲本、乙本。前者有谢肇淛及周之夫序，分为元、亨、利、贞4部，共收录茶书17部；后者系由前版增补而成，喻政亲自作序，分成仁、义、礼、智、信5部，除前者17部茶书外，增加了明代10部茶书，合计收录27部。《茶书》上起唐代，下至明中后期，共收唐代3部，宋代7部，明代17部，有代表性者几乎尽数网罗，陆羽《茶经》、张源《茶录》、朱子安《东溪试茶录》、蔡襄《茶录》、张又新《煎茶水记》、审安老人《茶具图赞》、陈继儒《茶话》、屠隆《茶说》等，均得以保存。这项浩大工程，是明万历四十年（1612）以前茶文献成果的大汇聚，规模空前，泽被书林，惠及后世。

在编纂《茶书》之前，喻政还编过一部《茶集》，是古今涉茶诗文合集。全书分两卷，卷一为文赋类，收录宋、元、明人有关茶的文、赋之类共15篇，其中三篇赋均为宋人撰写；卷二为诗词类，收录唐至明代作品，词类共6首，余皆为诗。选取范围较广，不拘泥于名人名作，不知名者作品亦被收录，对文献保存、文化传承有特别意义。喻政另收藏《陆羽烹茶图》，据说是唐伯虎画作，虽有行家认为赝品，可喻氏深自宝之，留下了很多鉴赏者诗作和题跋。喻政将这几十首诗作和跋文汇编，自撰跋文，名为《烹茶图集》。编《茶书》时，喻政将此两种一并收入。

喻政之所以不遗余力地编集《茶书》，自然由于他是爱茶之人。朋友夸赞他："淡远清真，雅合茶理。"博物学家、诗人谢肇淛（1567—1624）评价："喻正之先生酷有酪奴之嗜。"在文学家、书法家王稚登（1535—1612）笔下，喻政是个"茶痴"！他的《题唐伯虎烹茶图为喻正之太守三首》写道：

太守风流嗜酪奴，行春常带煮茶图。
图中傲吏依稀似，纱帽笼头对竹炉。

喻政也毫不讳言自己嗜茶，以至于"盖与桑苎翁千载神狎也"，与"茶神"有同好而神交。

自唐代陆羽撰写《茶经》，历代撰述茶书者接踵而至，成果斐然。但聚其精华，汇为合集者，喻政《茶书》

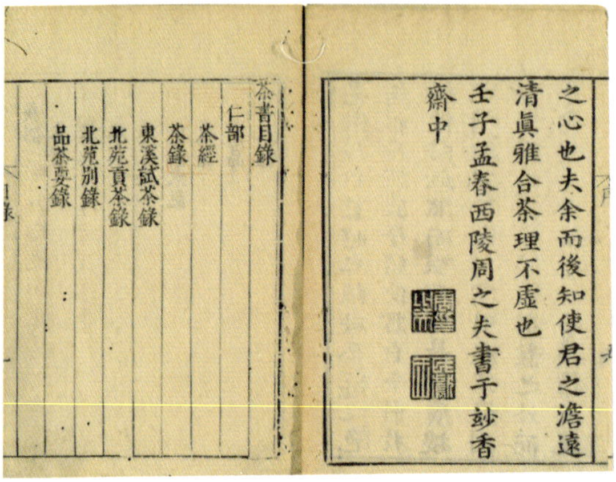
之心也夫余而後知使君之澹遠
清眞雅合茶理不虛也
壬子孟春西陵周之夫書于紗香
齋中

茶書目錄
仁部
茶經
茶錄
東溪試茶錄
北苑貢茶錄
北苑别錄
品茶要錄

《茶书》喻政 / 明代

当为首创，并且空前绝后。直至清末，尚未见其他茶书超越。20世纪著名茶史专家万国鼎曾精辟指出:《茶书》最大功绩，收录他书未载者。这些茶书，“因而赖以流传至今”。否则，今人无缘见得这些茶史文化瑰宝。由于喻政《茶书》的价值与地位，南京图书馆所藏版本近年来渐受文献学界瞩目，国家图书馆出版社编纂《中华再造善本》时对其进行了再造，四川大学出版的《茶书》也影印了此书。

除了茶书的汇集，江西人士同样笔耕不辍，撰写新作。《罗岕茶记》一书，就出自江西熊明遇之手。熊明遇（1579—1649），出生于进贤县北山畲上村（1957年划归南昌县泾口乡），明万历二十九年（1601）进士。次年授长兴知县，历任兵科给事中、福建福宁兵备佥事、南京刑部尚书转兵部尚书，以工部尚书致仕。《罗岕茶记》作于明万历三十五年（1607），是熊明遇长兴县任职第六年。长兴县是著名产茶区，陆羽曾在长兴顾渚山置茶园，推荐紫笋茶入贡。唐大历五年（770），朝廷在顾渚山设立贡茶院，派官员督造贡茶。明代，长兴罗岕茶再次入贡，称为“南岳贡片”。熊明遇爱茶，“尝浮慕卢（仝）、蔡（襄）诸贤嗜茶之癖”，搜罗名茶，与友品评，并购春茶自饮。作为地方官员，每年清明前三天，他还去顾渚山中采茶，设礼祭祀，祈求好收成。经6年光阴，熊明遇对长兴县地理位置、环境、气候、种茶历史、植茶技术、罗岕茶采摘与制作技术，亲身体验，多有感触，故能总结经验。现存《罗岕茶记》一书不足500字，却言之有物，学术价值显而易见。熊明遇还撰写《格致草》，试图用当时西方科学知识分析天文地理等自然现象，并解释宇宙万物的起源，可见其思想的求新一面。

除上述之作，还有部分江西人士茶书，消失未传，甚为遗憾！例如：朱祐槟（1479—1539）编《香谱》四卷、《茶谱》十二卷，“采辑论茶之作，是书可谓富矣”。惜书已佚，内容不得而知。另外，史载明代黄钦，江西新城（今江西抚州黎川县）人，曾著《茶经》，今已无缘得见。当然，也有茶书托名江西名人者。《四库全书存目》著录《别本茶经》三卷，旧题“玉茗堂主人”阅，系采用鼎鼎大名的汤显祖别号。经过考证，存目编者认定，此书“冗杂颠倒，毫无体例。显祖似不至此，殆庸劣坊贾托名欤”。这也从一个侧面证明，江西人士编撰的茶书有相当的市场影响力。

二、美妙感人的茶故事

茶叶故事的历史最为悠久，和茶树发现与利用的年代一样久远。江西茶叶传说故事是综合性、复合性的美的载体，形式相当宽泛，内容极为丰富，其间有着内在的逻辑关联：都缘茶而发，寄寓了人民群众的某种愿望和爱憎，表达了对社会现象的认识和理解，体现了民间的创造性智慧。

作为“独特地伴随着历史”，江西的茶叶故事，有的确是史实或接近史实，既真实再现了生活和历史的本来面目，又绘声绘色，生动形象。例如《双井茶和严阳茶》，相传当时的武宁县令吕晋夫与大诗人、大书法家黄庭坚交情深厚，他去祭奠黄母时，品尝了沁人心脾的“双井茶”，赞叹不已。后来，吕晋夫按照黄庭坚讲述的双井茶采摘焙制的方法，精心焙制出严阳茶。于是，吕晋夫和黄庭坚真情促名茶的故事就传颂开来。北宋大文学家欧阳修说：“武宁严阳茶，与双井茶相亚，为草茶第一。”（乾隆《武宁县志》）而且，黄庭坚为了推出家乡的“双井茶”，也曾操心费力。这则故事，可以说是历史的轶事。

但是，同样是修水茶叶的故事，“宁红茶”名称来历的故事，就未必有史料的佐证。相传，唐太宗统一天下时，兵至江西义宁州漫江，翌日重病缠身卧床不起．当地百姓以变色茶药（发烤红茶）奉饮，唐太宗饮尽数杯后，身轻如燕，病除体康，便赐此茶为“宁红”，以喻百姓安宁、吉利之意。唐上元元年（760），茶仙陆羽曾步入漫江品味“宁红”，咏诗一首：“返照空堂根，月夜思故人。今宵宁红至，山月何有边。”

当然，江西茶的故事大多是关于名茶的来历。由于产地不同、文化不同，这些茶故事的内涵与风格也大为不同。茶叶传说故事并不是历史的图解，更多的是以浪漫主义的手法表现神奇之美、人性之美。我们来看看庐山云雾茶的几则故事，形貌就有很大区别。

第一则故事：有一天，孙悟空忽然想要尝尝玉皇大帝和王母娘娘喝过的仙茶，于是一个跟头上了天。孙悟空驾着祥云向下一望，见九州南国一片碧绿，仔细看时，竟是一片茶树。此时正值金秋，茶树已结籽，可是孙悟空却不知如何采种。这时，天边飞来一群多情鸟，问孙悟空要干什么，众鸟得知其用意便决定帮他，于是展开双翅，来到南国茶园里，一个个衔了茶籽，往花果山飞去。多情鸟嘴

九江庐山的云雾

里衔着茶籽，飞过庐山上空时，庐山胜景把它们深深吸引住了，领头鸟竟情不自禁地唱起歌来。领头鸟一唱，其他鸟跟着唱和。茶籽便从它们嘴里掉了下来，直接掉进庐山群峰的岩隙之中。从此，云雾缭绕的庐山便长出一棵棵茶树，出产清香袭人的云雾茶。

第二则故事：庐山五老峰下宿云庵，从前有个老和尚憨宗，以种野茶为业。老和尚得到百鸟帮助，采来鲜茶叶，经精心揉捻，炒制成茶叶。这种茶叶，是庐山百鸟在云雾中播种，又是它们辛苦地从高山云雾中同仙女一起采撷下来的，所以称为“云雾茶”。

狗牯脑茶

《五老洞和云雾茶》则说：很早以前，五位老茶农到庐山云雾缭绕的山峰种茶。五位老人活到很老很老，他们过世后那片茶山却完好地保存下来。为了纪念他们，人们便把产茶的山峰叫“五老峰”，老人们居住过的山洞叫“五老洞”，种植的这种名茶珍品叫“云雾茶”。

此外，江西茶故事还有其他类型：

一是名茶源自道教，南城麻姑茶就是如此。南城县麻姑山，素有“洞天福地，秀出东南”之誉，据《南城县志》载：麻姑茶制作盛行于唐代，有一千多年历史。相传东汉时，有一仙女麻姑曾云游仙居此山修炼。春天，仙女时常采摘山上的鲜嫩茶叶，汲取清澈甘美的石中浮液，烹茗款客。茶味鲜香异常，被称为“麻姑茶”。

二是名茶与帝王有关，周打铁茶正是如此。周打铁村位于丰城市荣塘镇，青竹翠林掩映，苍松古柏环抱，土壤肥沃湿润，创制出名显一时的周打铁茶。相传乾隆皇帝下江南，微服出访，后乾隆降旨，赐周打铁种的茶为“周打铁茶”，并定为贡品。从此，周打铁茶名扬四方，流传后世。名茶附会帝王，此例甚多，不必当真。

三是名茶出自艰苦劳动。遂川狗牯脑茶，始制于明代末年。相传清嘉庆元年（1796），茶农梁传溢（一作梁为镒）夫妇，在狗牯山侧石山梗中开辟茶园数亩，采取祖传工艺制作茶叶，其茶品质极佳。遂川茶商李玉山采用狗牯脑茶树鲜叶，制成银针茶，1915 年参加巴拿马万国博览会，荣获金质奖章和特等奖状。于是，遂川狗牯脑茶成为饮誉世界的名茶。

此外， 在江西的茶叶故事中，还有一些关于茶俗由来的作品。如《清茶当酒，豆腐当肉》，是讲岳母严于教子，一心为国，以清茶、豆腐为自己祝寿，却将鸡鸭鱼肉犒赏三军。从此，岳飞处处遵循母训，生活十分清苦，无论是家庭小宴，还是祝捷庆功，均“清茶当酒，豆腐当肉”，并且这句话也在民间流传开来。《立夏茶》则讲述江西乡下妇女作兴吃“立夏茶”的缘由，说明一个哲理：“热茶烧肚断肠，热床煞骨化筋。若要夫妻到老，莫忘热茶穿心。”可见，茶叶传说故事具有浓郁的地方色彩，表现了人民大众的内心情感、审美情趣、哲理情怀。

三、生动活泼的采茶舞

民间文艺的特色之一是，歌舞结合，相辅相成，且歌且舞，生动活泼。江西的茶歌小调，本身就既有山歌语调韵味，又富有歌舞小曲的风采，具有较强的歌舞律动性，饱浸着浓郁的山乡情调。唱茶歌、跳茶舞，也就风行江西茶乡。

由茶歌发展起来的采茶舞，其最重要的形式为采茶灯，盛行于广东、广西、湖北、湖南、江西、安徽、江苏、浙江、福建等地。以往论者谈采茶舞，往往列举清代吴震方《岭南杂记》对采茶灯的一段记载："潮州灯节，有鱼龙之戏。又每夕各坊市扮唱秧歌，与京师无异。而采茶歌尤为妙丽。饰姣童为采茶女，每队十二人或八人，挈花篮，迭进而歌；又以少长者二人为队首，擎彩灯，缀以扶桑、茉莉诸花，采女进退作止，皆视队首。"

茶场的采茶活动

其实，江西关于采茶灯的记载很多，最迟发生在明末清初之际。赣县区王母渡下邦乡《李氏族谱》记载："开园摘茶前夕，皆有唱茶歌、舞茶灯之古习。"清代陈文瑞作《南安竹枝词》中曰："淫洼小唱数营前，装点风流美少年，长日演来三脚戏，采茶歌到试茶天。"南城县吴照在南安府冯尉招饮席上所作诗中云："嘈杂弦声唱采茶，市儿先已语喧哗。满堂灯乱氍毹月，一夕春归少妇家。"清中叶以后，茶灯的记载就更多。如李天英的《龙城竹枝词》："锣鼓喧阗鹤焰腾，凤凰山上月初升。采茶歌罢东风起，吹出鳌山太子灯。"《东乡县志》载："元宵……好事者或扮龙灯、马灯、桥灯诸名目，杂以秧歌采茶，遍行近村，索茶果食。"

从前人的载录中，我们可以看到采茶歌一般是茶农种茶、采茶时所唱，见啥唱啥，张口即歌，有较大的随意性和自由性；而采茶灯多在欢度佳节时边歌边舞，也有农民家有喜事时走门串户演唱，有一定的曲调、人数、时间和地点的规定，是一种供人们娱乐欣赏的形式。江西茶灯歌是广为流传的茶歌、灯彩和各种民间歌舞的结合，是歌、舞、灯与锣鼓、管弦伴奏等汇合为一体的民间综合表演艺术。茶灯歌在江西又有茶篮灯、茶箩灯、搬茶灯、花鼓灯等诸多别名。

由于采茶歌有独唱、一唱众和、甲乙领唱与众和多种形式，所以采茶舞也有单人舞和群舞之分。在通常情况下，由年轻女孩扮演采茶姑娘，唱着优美的采茶歌翩翩起舞，其动作融合各种采茶姿势。江西莲花的“耍茶灯”，萍乡的地方灯彩“牛带茶”，都有很强的观赏性、趣味性和知识性。

闹元宵中的民间灯彩活动，更是江西茶舞热闹的大舞台。元宵节为每年阴历正月十五日晚上举行，以通宵张灯，供人观赏为乐。江西的元宵茶俗，一是“上元张灯，家设酒茗，竞丝竹管弦，极永夜之乐，明末最为盛”。(道光《新建县志》)二是庆贺元宵的灯彩之中，“初六七日后，城乡各处为庆贺元宵，有龙灯、马灯、双龙灯……河口镇更有采茶灯，以秀童男女扮成戏剧，饰以艳服，唱采茶歌，亦足娱耳悦目”。（同治《铅山县志》）三是“夜深，妇女以茶果、香烛供紫姑神，问家常琐细事”。（同治《崇仁县志》）

在江西所有明清时期的地方志书中，几乎都有关于元宵灯节活动的记载。明代天一阁本《建昌府志》记载：元宵时节，人们“以篷箬结棚，通街作灯市……灯有鳌山，绣球走马……有作架者植巨木悬十余层，设机火，至药发，光怪百出，若龙蛇飞走，帘幕星斗人物花草之类，灿然若神”。在瑞昌也盛行灯彩，据明代隆庆《瑞昌县志》：“时南源放灯尤为极盛，延绵数里灯火如昼，终夜吭歌。”清代乾隆时期《新昌县志》中也载录：“上元日灯节，自十一日至十五日止，结竹枝为灯棚或毯灯，陈设门屏间，侑以箫鼓，小儿手擎则又杂用鼓、刀、莲花、鱼、龙诸样游戏街衢，唱采茶曲。”

清代浔阳进士陈奉滋在《浔阳乐》中，也形象地记述了当时元宵节灯会盛况，“灯火照龙河，鱼龙杂绮罗。偏怜女儿巷，一路采茶歌”。在赣南茶乡安远，“茶篮灯”表演热闹非凡。“春季采茶茶叶浓，茶树杞下生茶葱。多买猪羊来谢祖，山神土地保兴隆……”每到元宵节，这嘹亮的歌声就会在安远县的村村镇镇响起。春节期间，“茶篮灯”巡演队伍在大小乡村巡回演出。“茶篮灯”将要进入某个村庄表演时，由一位长者提灯笼先行，东道主燃放鞭炮迎接，主客相见，互相道喜。凡“茶篮灯”演出队伍所到之处，必定锣鼓齐鸣、鞭炮齐响、歌舞并起；每至一户，主人都要端出自制的糖果茶点，热情款待茶篮队。除了安远，在江西上栗、铅山等地也都有在元宵时进行茶灯歌舞表演的习俗。

民国时期，江西民间茶灯活动依然活跃。1925 年，萍

采茶舞

乡东桥人汤钟瑶在鲁迅先生主编的《语丝》第 49 期，发表《话“茶灯”》一文，记录了当时萍乡茶灯歌的演唱情况。文章所写，“坐车的”指的是车伤灯，“骑马的”当然指的是马灯。这是当时茶灯歌表演的基本情况。

这种“灯带戏”形式的出现，使茶灯的表演更为引人入胜。由于各地的民俗不尽相同，歌舞表演的方式上也就各具特色。如赣南的茶灯歌，多由三至六位男女表演者构成，前面一人高举茶树道具，扮茶妹的右手拿红扇子灯，左手拿红手帕，叉腰走小碎步，摆动扇子灯。随后，茶哥挑着茶篓走高子步、矮子步，一起一伏走圆场，随后围着茶树边唱边表演。而赣西北萍乡的茶灯歌表演，则主要由四茶女及一小丑构成，茶女手提茶篮，小丑拿纸扇，以十字舞步为主，并辅以矮子步，还有道具为茶篮与灯具等。

同时，更多优美动听的民歌，如斑鸠调、牡丹调、长歌等，也大量出现在茶灯表演之中，让人们在锣鼓喧闹中间享受着清新美妙的歌声。在演出中，茶灯歌常以联曲体形式出现。联曲体有两种不同的组合类型：一种是用本地域若干首不同的茶灯歌有机连缀而成。如瑞金的“茶灯歌”主要由四首茶歌连缀而成，莲花县“茶灯歌”主要由《茶灯娘子来得晚》等五首茶歌连缀而成。另一种则是，以一首茶歌发展为基础，运用音色、节拍、节奏、调性和旋律（腔）的手法发展而成的板腔与曲牌两者综合的联曲形式。如赣南石城县的《茶篮灯》，由十首乐曲连缀而成，包括打击乐、独唱《倒采茶》，二胡与弹拨乐器伴奏，丝弦乐合奏曲牌《打八仙》，八板头，合唱《倒采茶》，丝弦乐合奏《倒采茶》，用较快速度合唱《倒采茶》等。

随着社会发展和人们审美认识的变化，茶灯歌从开始的采茶农作小调逐渐吸收其他艺术内容（特别是灯彩内容），演变成有一定规模，内容丰富，并能体现本地民间特色的综合性表演艺术。如今，传统茶舞艺术内涵依然具有旺盛的生命力。大型歌舞《井冈山》、大型民俗民情组歌《赣鄱谣》、大型风俗民情歌舞《赣傩的表情》等舞台艺术作品，都吸收并体现出了传统茶舞艺术的魅力。

四、幽默风趣的采茶戏

看

听

在采茶歌和采茶灯基础上发展起来的采茶戏。这是以歌舞演故事，有人物，有情节，内容丰富，形式活跃，具有更大观赏性和感染力的一种地方戏。虽然广东、广西、湖北等省也流行采茶戏，但以江西最为盛行；虽然其他各省的采茶戏也有特色，但大多源于江西，起码也受到江西的熏陶或影响。

江西采茶戏距今约有 300 余年的历史，赣南采茶戏是江西采茶戏的始祖。赣南采茶戏是以“九龙茶歌”为基础，300 余年前起源于江西安远县九龙山一带，后吸收赣南其他民间艺术逐步成型的。相传在唐明皇时期，宫廷中有一位教练舞女的歌舞大师雷光华为避死罪而逃往赣南，隐姓埋名于九龙山，在那儿种茶为生。他在与当地人共同生活、劳动的过程中，把自己的演唱艺术同地方小调与采茶动作

采茶戏《贤德记》

糅合起来，从而创造了采茶歌，也就是民间所谓的“茶灯”。起初，茶灯只演唱“十二月采茶调”，后来逐步发展，音乐不断丰富并融入反映茶农生活的故事情节，及至明末清初，便形成了极富乡土特色的“以歌舞演故事”的采茶戏。随着九龙山茶业的兴旺发达，该戏影响日广，遍及赣南山村。剧中人物通常为二旦一丑，人称为“三脚戏”。

采茶戏传统剧目《姐妹摘茶》，起初是明末时期于春节或元宵节时演出的小型灯戏，一般由“两旦一丑”表演。主要展现春茶时节，姐妹二人携茶篮上山摘茶，茶童手拿纸扇在姐妹二人间插科打诨的场景。后来，人们在此原始剧目上增加了茶娘为四姊妹梳妆打扮，茶女炒茶、搓茶的制茶过程，以及下山卖茶的情节，并取名为《小摘茶》。清代大型茶灯戏《九龙山摘茶》，则是在《姐妹摘茶》和《小摘茶》的基础上演进而成。《九龙山摘茶》人物角色增多，有茶童、朝奉（茶商）、众多采茶女、茶母、店嫂、丫鬟等。整部剧共分10场，演的是茶童跟随朝奉到九龙山茶区收茶，九龙山茶家的女子梳妆后上山摘茶，与朝奉商议茶价，采茶姐妹制茶并送茶下山，安排船只将茶叶外运发卖的故事。九龙山茶农种植茶叶、加工茶叶以及与茶商打交道卖茶的场景，在此剧目中得到真实完整的反映。

采茶戏作为当时新出现的地方戏曲艺术，依靠茶叶贸易活动，迅速在全省范围内传播开来。明朝末年，赣南采茶戏传到赣东的茶叶集散地铅山河口镇，与当地采茶歌结合并发展，逐渐形成赣东采茶戏。铅山采茶戏向西流传，衍变成赣中、赣北流派。约在清代中叶以后，采茶戏在湖北黄梅县得到很大发展，后又反过来对赣北采茶戏产生较大影响。赣西采茶戏最早也来自赣南，后受湖南花鼓戏的影响而衍化。

在省内不同风土人情和文化艺术熏陶下，江西各地形成了独具地方特色的采茶戏。至今，江西采茶戏已形成赣南、赣东、赣北、赣西、赣中五大流派，多达 15 种：赣南采茶戏、南昌采茶戏、武宁采茶戏、九江采茶戏、抚州采茶戏、吉安采茶戏、宁都采茶戏、瑞河采茶戏、袁河采茶戏、萍乡采茶戏、景德镇采茶戏、靖安采茶戏、永新采茶戏、上饶采茶戏、宜春采茶戏。这些采茶戏散布在各个县市，几乎遍及全省，一直深受人民群众喜爱。

江西各地采茶戏发展阶段不同，剧目情况也不一样：赣南采茶戏的传统剧目有 70 多个，代表作有号称“四大金刚”的《四姐反情》《卖杂货》《大劝夫》《上广东》。

南昌采茶戏剧目分整本大戏和小戏两种，传统大戏曾有 48 本，以《南瓜记》《鸣冤记》《辜家记》《花轿记》为代表，小戏多半是反映劳动人民生活的民间故事。吉安采茶戏的传统剧目有 120 多种，多为单台戏、三角班戏，其中《送宝》《七块柴》《种麦》《蠢子等姨娘》等为代表剧目。宁都采茶戏有大小传统剧目 106 个，传统大戏有 30 余本，其中《青龙山》《才郎别店》等流传甚广。赣东采茶戏的传统剧目，小戏有五六十个，大戏有十几本。虽然各剧种剧目不一，但大多描写劳动人民的日常生活、生产斗争和男女爱情故事，地方特色和生活气息都很浓郁。

采茶戏以富有茶歌特点的“茶腔”“灯腔”为主，保留了大量采茶山歌、小调的曲调，不以故事完整和情节离奇来吸引观众，常以夸张、误会、巧合等手法渲染戏剧气氛，以演员的精彩表演、台词的幽默诙谐取胜。例如赣南采茶戏，以小生、小旦、小丑为主要角色行当，小生多扮演青壮年，以“扇子花”“矮子步”为基本表演动作；小旦多扮演聪明伶俐的少妇或少女，所耍“扇子花”非常丰富；小丑多表演懒汉、浪荡公子，表演多模拟鸟兽昆虫等动作形象，语言诙谐，风趣滑稽。当然，也有些采茶戏具有曲折的情节，如《茶童戏主》《怎么谈不拢》等，充满地方特色，生活气息浓郁，具有喜剧色彩。此外，还有的采茶戏剧种依然保留了载歌载舞的特点，音乐既有小调连接体，也有板腔体，但大多朴实明快，轻松活泼，以地方语演出，便于群众传唱。

演出时，特别注意巧妙运用反义词、歇后语、错扯语、婉曲语及乡间俗语，达到热烈明快、妙趣横生的艺术效果。

采茶戏艺术形式的独特性，表现在各个方面。从内容来看，大多与“茶”有密切关系，如《茶童戏主》《上山采茶》《卖茶郎回家》等等，洋溢着一股“茶味”。从音乐调性来看，有灯腔、茶腔、路调、彩调等四类，而以茶腔为其主腔。从声腔、舞蹈来看，声腔方面是灵活使用多种声腔，与各种不同的小调，因此有“九腔十八调”之说，舞蹈则有令人叫绝的“矮

采茶戏

子步”等。从伴奏乐器来看，包括大锣、小锣、拍板、铁弦、小钹、通鼓、扬琴，等等。

更重要的是，采茶戏的角色多为“二丑一旦”。丑角一般着素色布衣，头上戴着瓜皮帽，腰间常围一白布裙，裤脚一边卷起，一高一低，脚穿布鞋，手拿扇子，脸上贴着八字胡，有时也挂眼镜框。旦角则身着农妇衣服，头戴笠帽或头巾、头花，手执巾帕，脚穿绣花鞋。

俗谚说得好：“三脚成班，两小当家；女角伶俐乖巧，男角装派卖俊；唱了不舞，观众看得苦；又唱又舞，看了笑痛肚。”

采茶戏有自身的审美追求，并通过表演模式与艺术风格来表现。矮子步、单水袖、扇子花，是采茶戏表演艺术的“三绝”。矮子步是根据上山采茶时屈腿和挑担压肩的形体创作而成，主要是通过半屈膝和屈膝蹲身、双腿前蹲等方式来展现。采茶戏专用的单水袖，是由摘茶的动作演变而来，是利用左衣袖加长来配合表演，左衣袖挥舞动作，右手配合以耍扇。其主要艺诀是“摆动像狗尾巴，站似吊马腿，游走像跑过，龙头又凤尾”。在采茶戏中，“扇子花”表演者流传着“采茶没扇子，吃饭没筷子”这样的俗语。可见，扇子花极为重要。扇子花包含两种，一是单扇花，二是双扇花。男女通用的是单扇花，双扇的使用一般都是女角。利用扇子带动衣袖，利用衣袖帮助扇子的舞动，二者之间巧妙结合，展现十分流畅，将采茶的婀娜多姿表现得淋漓尽致。扇子花的种类，有 30 多种，并以此为基础，根据不同情绪，展开即兴表演。这些舞扇的动作，来自实际摘茶生活。为了保证茶叶纯正，一只手摘茶，另一只手不断地用扇子扇风，避免出现茶叶藏熟的情况。而这也是体现采茶戏表演艺术风格的主要手段之一。表演时，“三绝”连为一体，同步进行，特色风格令观众如痴如醉。

中华人民共和国成立以来，江西采茶戏得到很大发展。赣南采茶戏《茶童戏主》《怎么谈不拢》，高安采茶戏《孙成打酒》曾在全国获奖，并在中央电视台映播，还有一批剧目受到观众欢迎。采茶戏音乐，也被电影、电视、广播等其他艺术门类广为采用，创作出各种新的音乐曲调。当然，近些年，江西采茶戏也像别的剧种一样，面临着新的挑战和考验。

五、《牡丹亭》的茶舞台

“词场玉茗古今师，继起阳春更在斯。”这是曾在清代担任五部尚书的梁清标对明代江西临川著名戏剧家、文学家汤显祖（1550—1616）的高度评价。

汤显祖以“临川四梦”，即四部传奇杂剧《牡丹亭》《南柯记》《紫钗记》和《邯郸记》名留史册，被称为“东方的莎士比亚”。这位临川（今江西抚州）才子，才华横溢，诗文俱佳，以“茶事入戏”，还著有影响至今的茶诗。

《牡丹亭》是汤显祖最著名的代表作，其中有26次提到茶。特别值得一提的是《牡丹亭》第八出《劝农》，写的是南安府太守杜宝出城春游，来到南安（今江西赣州大余县）的城郊清乐乡劝农。清乐乡的父老，带领乡民们到接官亭迎接，并准备了反映当地民风民俗的歌舞向太守献演。《牡丹亭·劝农》一出，描写了采茶、咏茶、泡茶、

抚州临川区汤显祖纪念馆雕塑

敬茶等情节。现录直接与茶有关的内容如下：

【前腔】[老旦、丑持筐采茶上]乘谷雨，采新茶，一旗半枪金缕芽。呀，什么官员在此？学士雪炊他，书生困想他，竹烟新瓦。[外]歌的好。说与他，不是邮亭学士，不是阳羡书生，是本府太爷劝农。看你妇女们采桑采茶，胜如采花。有诗为证："只因天上少茶星，地下先开百草精。闲煞女郎贪斗草，风光不似斗茶清。"领了酒，插花去。[老旦、丑插花，饮酒介][合]官里醉流霞，风前笑插花，采茶人俊煞。

[下][生、末跪介]禀老爷．众父老茶饭伺候。[外]不消。余花余酒，父老们领去，给散小乡村．也见官府劝农之意。叫祗候们起马。[生、末做攀留不许介][起叫介]村中男

妇领了花赏了酒的，都来送太爷。

这种“劝农”的仪式，是历代王朝地方官吏表示关心农民的一种例行公事，也是官吏们了解民情、采集民风的手段。剧中生动地描写了农家女“采茶胜如采花”的情景，表现了农民喜采新茶、官府下乡劝农、为茶农插花送酒的场面，也体现出南安府太守对茶叶生产的关心和重视。

这段短短的戏文，透露了多方面的信息：一是汤显祖对茶叶采摘与品质的知晓。戏中交代“乘谷雨，采新茶”，正是采茶的好时节。谷雨前采的茶，称作“雨前茶”，时间为 4 月 5 日至 4 月 20 日之间。明代许次纾《茶疏》认为：“清明太早，立夏太迟，谷雨前后，其时适中。”这才符合茶的生长规律与品尝要求。“一旗半枪金缕芽”，是对所采之茶的描述。“旗枪”是对绿茶外形特征的描述，“金缕芽”则指上品茶。

二是汤显祖对茶事典故的熟悉。“学士”指的是宋代的陶谷（903—970），他为北宋开国立下大功，曾任翰林学士承旨等官职。陶谷著《清异录》，采摘隋唐五代及宋初典故，考证源流演变过程，收录包括“茶百戏”等多则茶事。《事文类繁》中有“陶谷得党太尉家姬，取雪水烹茶”之说，这里“雪炊他”，即以雪水烹茶。此种做法，被视为高雅之举。“书生困想他”，系茶有提神醒脑功效，是读书人的嗜好。“竹烟新瓦”，指烹茶时的场景。所燃之物为竹，所用“新瓦”指陶制壶具，烟气从壶具周围袅袅升腾。“采桑采茶，胜如采花”，采茶劳作，比作“采花”，悠闲美好，情景毕现。审美情趣、精神意境尽在不言中。

三是汤显祖对于民间游艺的了解。“只因天上少茶星，地下先开百草精。闲煞女郎贪斗草，风光不似斗茶清。”“百草精”说明了茶在“百草”中至高无上的地位。短短四句，运用了多个典故。

“百草精”之说，源自唐代齐己《咏茶十二韵》。该诗开篇四句便是：“百草让为灵，功先百草成。甘传天下口，贵占火前名。”所以，茶也被称为“百草精”。接下来，又讲了“斗草”与“斗茶”的区别：斗草，又称斗百草，流行民间，属于端午民俗。最早见于文献系魏晋南北朝时期。每年端午节，群出郊外采药，插艾门上，衍成定俗。收获之余，往往用草举行比赛。唐朝后，斗百草渐成妇女和孩童游戏。斗茶，始于唐，盛于宋，是古代雅玩。多人共斗，或两人捉对“厮杀”，具有很强的胜负色彩，富有趣味性和挑战性。诗中用了“贪”与“清”两个词对比，斗草虽有许多女性参与其中，但其境界却没有斗茶高。

四是汤显祖对农业的重视与茶农的尊重。唱词中，赞赏了茶农们的智慧、勤劳，这让“采茶人俊煞”，成为理所当然之事。对关心农事、督促农业生产的劝农官员（杜宝），茶农们则是“茶饭伺候”。在《邯郸记》中，也多处出现了“茶饭”。第二十出和第二十三出中，运用了“茶饭”。第三出《度世》有“细料茶食”，茶食被作为较好生活的标志。“茶饭伺候”，已成为一种社会礼仪文化。

五是汤显祖对于民间地方采茶戏的借鉴与运用。明代万历石城崖岭《熊氏大修谱》载：“每月夕花晨，座上常满，酒半酣则率小奚唱《插秧采茶歌》，自击竹附和呜呜然，撼户牖。”汤显祖《即事寄孙世行吕玉绳二首》，有“长桥夜月歌携酒，僻坞春风唱采茶”的诗句。汤显祖还有赠别诗《看采茶人别》：“粉楼西望泪眼斜，畏见江船动落霞。四月湘中作茶饮，庭前相忆石榴花。”从诗中吟咏情景，所赠别的“采茶人”，并非采茶劳动的人，而是指从事唱“采茶”的职业艺人。可见，采茶戏已在当时的赣东乡间有了深厚的基础，汤显祖也与采茶戏艺人有交往。

《牡丹亭》第八出《劝农》采用了采茶戏的表演形式。《牡丹亭》的故事，是以南安府为背景的。选取民间流行的当地民风歌舞。而这种采茶歌舞，有科泛，有说白，有演唱，还有人物和情节，正好与“劝农”情景契合。

在汤显祖戏剧中，“以茶入戏”被广泛运用。例如，茶在当时生活中，是“开门七件事”之一。《牡丹亭》第四十八出《遇母》中有：“姑姑呵，三不归父母如何的？七件事儿夫家靠谁？”日常饮用，有早茶（早茶时了，请行）、午晌茶（吟余改抹前春句，饭后寻思午晌茶），还提到茶食（贴捧茶食上）等。还有“以茶待客”的戏曲构成，《牡丹亭》第三十出《欢挠》中用了“老道姑送茶”作为深夜拜访的理由。第三十六出《婚走》中，有“点不出个茶儿待”的说法，指的是泡茶待客。

又如，民间把饮茶与定亲、结婚等紧密联系在一起，在戏剧中得到充分展现。《牡丹亭·硬拷》提道：“呀，我女已亡故三年。不说到纳采下茶，便是指腹裁襟，一些没有。何曾得有个女婿来？可笑，可恨！衹候们与我拿下。”因为民间男女订婚以茶为礼，女方接受男方聘礼，叫“下茶”或“茶定”，有的叫“受茶”，并有“一家不吃两家茶”的谚语。在《紫钗记》第八出《议允》中，出现了“甜茶”。“把媒人似丝鞭儿擘打，得你半口甜茶，却为甚俊洒多才，尚没个衬褡人家？”这里以“甜茶”来形容婚姻媒介之事，“甜”字则表明婚姻的喜庆之气。

再如，戏剧还表现了“茶祭”习俗。《牡丹亭》第25出《忆女》中，祷告完后，以茶饭祭奠。“浇奠”一词“浇”是针对茶而言的动作，指以茶洒地，如同以酒洒地，表示祭奠思念之情。此外，第四十八出《遇母》中则有：“怕你茶酒饭无浇奠，牛羊侵墓田。”唱词是说，怕不能时常祭奠打扫，导致墓地荒草丛生。这里的“茶酒饭”，是指正常的祭奠扫墓行为。

汤显祖戏剧中的“以茶入戏”，具有鲜明的社会文化色彩。《南柯记》第十出《就徵》中有：“酒见酒，好朋友。酒见茶，是冤家。”这一说辞的内容表明，茶与酒代表了两种不同的生活取向。此外，戏文中还拓展了茶的社会语言意义。《牡丹亭》第五十五出《圆驾》中使用了“猾律拿喳”一词，也称作“斡剌挑茶”，是元朝末年形成的俗语，即惹是生非，挑三拣四之意。后来，逐渐演化成现代成语中的“挑茶斡刺”，意思相同。

当然，戏剧是表演艺术，也是观赏艺术，是由演员扮演角色在舞台上当众表演故事的综合艺术。汤显祖是剧坛巨匠，在创作中充分运用茶事来推进故事情节。“茶堂”“禅房烹茶”“陪茶”等，都是相关场所，具有戏剧情景。《紫箫记》中“茶堂清叙”，“茶堂”是贵族官僚招待客人的地方，“清叙”则是深入谈话的邀请，表现出人物心理及行为特征。“禅房烹茶”，出自《紫箫记》“法云进禅房烹茶”。“禅房”为僧众静修居住、讲经诵佛之处，在禅房内烹茶说明重要与重视，增进了情节的丰富与生动。“陪茶”出现在《牡丹亭》第二十八出《幽媾》：“良夜省陪茶，清风明月知无价。”“良夜”“陪茶”，带来想象空间。

汤显祖之所以“以茶入戏”运用自如，就在于他爱茶、懂茶，对茶倾注了感情与热望。他在任浙江遂昌知县时，即使公务繁忙，也要忙里偷闲，享受茶事生活。《竹屿烹茶》诗就写出了其间体验，“君子山前放午衙，湿烟青竹弄云霞。烧将玉井峰前水，来试桃溪雨后茶”。

当然，汤显祖不仅仅享受茶事生活，更是关心茶的“经国之大事”。他的《茶马》一诗，凡十六韵，叙述“秦晋有茶贾，楚蜀多茶旗”的茶马交易，成为“以诗证史”的

昆曲《牡丹亭》

重要资料。“黑茶一何美，羌马一何殊”句，更是常被引用。

在走访雁荡山当地茶农时，汤显祖也偶有惊喜。《雁山种茶人多阮姓，偶书所见》其一：“一雨雁山茶，天台旧阮家。暮云迟客子，秋色见桃花。壁绣莓苔直，溪香草树斜。风箫谁得见，空此驻云霞。”

汤显祖的潇洒与从容，引起了后人的共鸣。清代曾任封疆大吏，又是经学家、训诂学家、金石学家的阮元（1764—1849），在诗中写道：“寄语当年汤玉茗，我来也愿种茶田。”（《试雁山茶》）阮元因饮茶想到汤显祖的诗，于是寄语汤显祖，表示“我来也愿种茶田”。虽不可得，却心向往之，真挚情愫，自然流露！

第六章 名人与茶

MINGREN
YU CHA

“物华天宝”“人杰地灵”“雄州雾列，俊采星驰”，这是唐代王勃千古名文《滕王阁序》对江西的高度赞誉。“区区彼江西，其产多材贤”，这是引领了宋代文坛的欧阳修对江西的文化自信。在中国茶文化史上，江西名人同样做出了无与伦比的贡献。

一、欧阳修茶味人生

看

听

在两宋时期，饮茶被称为“盛世之清尚”，民间兴起的斗茶之风，引发了300余年文人雅士热衷饮茶的迷狂风尚。其时，文人饮茶蔚然成风，宫廷茶事如火如荼，民间茶俗多姿多彩。欧阳修引领了北宋古文运动，是“唐宋八大家”中的重要人物，也是著名政治家、史学家，有着精彩的“茶味人生”。

欧阳修生长在南方，性喜饮茶，至老不移，他在一首诗中说：“吾年向老世味薄，所好未衰惟饮茶。”（《尝新茶呈圣俞次韵再作》）他曾参与茶法改革，起草《通商茶法诏》，又撰专门论述煮茶用水的《大明水记》《浮槎山水记》等文，还写下了大量关于饮茶的诗歌。

“泉甘器洁天色好，坐中拣择客亦嘉”。（《尝新茶呈圣俞》）煎茶必定要使用甘甜的泉水和洁净的茶具，加

吉安永丰县欧阳修纪念馆

上天气宜人的野外环境和良师益友的人文环境，方能达到“真物有真赏”的审美境界。欧阳修用如此简单朴实的语言，道出了品茗要义，无愧于宋代的茶道高人。

宋代文人茶艺注重用水和环境的选择，欧阳修的《大明水记》《浮槎山水记》，是论述宜茶水品的得力之作，通过严谨的推论和考据肯定了陆羽的用水观。《大明水记》指出：张又新《煎茶水记》所记陆羽水品次第，皆与《茶经》相反。如《茶经》言瀑布水不宜饮用，但此二十水品却把许多瀑布水放到宜茶水品。《茶经》认为“山水上，江水中，井水下”，但此书认为江水居山水上，井水居江水上的情况比比皆是，殊为混乱。据此，欧阳修认为《煎茶水记》是张又新信口开河，文字并不十分可信。欧阳修能够对烹茶用水提出新的论述，弥补《茶经》所未备，正是他品水精到使然。此后，两种观点针锋相对，互相诘难，至清末见分晓，遂成茶文化史千年不决公案，也推动了品水理论的讨论与探索。

作为精通茶道之人，欧阳修对于当时名噪一时的龙凤团茶也是情有独钟。他曾作《尝新茶呈圣俞》诗，感叹不已：

建安三千里，京师三月尝新茶。
人情好先务取胜，百物贵早相矜夸。
年穷腊尽春欲动，蛰雷未起驱龙蛇。
夜闻击鼓满山谷，千人助叫声喊呀。
万木寒痴睡不醒，惟有此树先萌芽。
乃知此为最灵物，宜其独得天地之英华。
终朝采摘不盈掬，通犀銙小圆复窊。
鄙哉谷雨枪与旗，多不足贵如刈麻。
建安太守急寄我，香蒻包裹封题斜。
泉甘器洁天色好，坐中拣择客亦嘉。
新香嫩色如始造，不似来远从天涯。
停匙侧盏试水路，拭目向空看乳花。
可怜俗夫把金锭，猛火炙背如虾蟆。
由来真物有真赏，坐逢诗老频咨嗟。
须臾共起索酒饮，何异奏雅终淫哇。

这首诗，将新茶的产地时令、采制情景、品赏要义、审美快感、不当之技、饮用功效，一气呵成地娓娓道来，

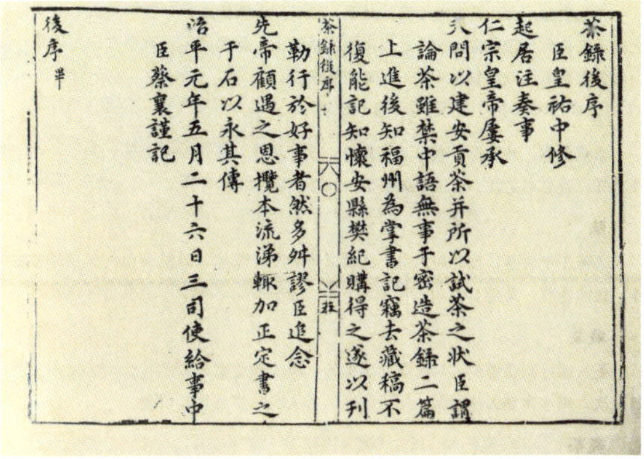
茶錄後序
臣皇祐中修
起居注奏事
仁宗皇帝屢承
天問以建安貢茶并所以試茶之狀臣謂
論茶雖禁中語無事于密造茶錄二篇
上進後知福州為掌書記竊去藏稿不
復能記知懷安縣樊紀購得之遂以刊
勒行於好事者然多舛謬臣追念
先帝顧遇之恩攬本流涕輒加正定書之
于石以永其傳
治平元年五月二十六日三司使給事中
臣蔡襄謹記
後序 畢

《茶录后序》蔡襄 / 宋代

表达出对北苑贡茶的熟悉了解和新茶的真挚情感。欧阳修还有《尝新茶呈圣俞次韵再作》，亦有异曲同工之妙。

正是由于欧阳修对茶道的精深，故为宋代著名茶书蔡襄《茶录》作有后序《龙茶录后序》：

茶为物之至精，而小团又其精者，录叙所谓上品龙茶者是也。盖自君谟始造而岁贡焉，仁宗尤所珍惜，虽辅相之臣未尝辄赐。惟南郊大礼致斋之夕，中书、枢密院各四人共赐一饼，宫人翦金为龙凤花草贴其上。两府八家分割以归，不敢碾试，相家藏以为宝，时有佳客，出而传玩尔。至嘉祐七年，亲享明堂，斋夕，始人赐一饼，余亦忝预，至今藏之。余自以谏官供奉仗内，至登二府，二十余年，才一获赐，而丹成龙驾，舐鼎莫及，每一捧玩，清血交零而已。因君谟著录，辄附于后，庶知小团自君谟始，而可贵如此。治平甲辰七月丁丑，庐陵欧阳修书还公期书室。

《龙茶录后序》作为亲身经历，记叙了北宋时期皇帝赐茶的情况，常附刊于《茶录》之后，成为宋代重要的茶史资料。

此外，欧阳修还在《送龙茶与许道人》中提到珍藏的龙团茶："我有龙团古苍璧，九龙泉深一百尺。凭君汲井试烹之，不是人间香味色。"龙团茶被喻为青色的玉璧，其色香味非人世间所能有，只有到仙境才能体味到。这也从一个侧面说明了欧阳修对北苑贡茶的深厚情感。

当然，欧阳修的茶事生活，还有很多其他精彩篇章。他在《归田录》中对黄庭坚家乡的双井茶情有独钟，给予热情赞美："自景祐以后，洪州双井白芽渐盛，近岁制作尤精，囊以红纱，不过一二两，以常茶数十斤养之，用避暑湿之气。"

欧阳修得到黄庭坚赠送的双井茶后，高兴万分，随即赋《双井茶》诗一首：

西江水清江石老，石上生茶如凤爪。
穷腊不寒春气早，双井芽生先百草。
白毛囊以红碧纱，十斤茶养一两芽。
长安富贵五侯家，一啜尤须三月夸。
宝云日注非不精，争新弃旧世人情。
岂知君子有常德，至宝不随时变易。
君不见建溪龙凤团，不改旧时香味色。

在诗中，诗人对双井茶做了高度评价，认为双井茶的品质之所以出众，是因为产地山清水秀，气候温暖，茶萌早发，芽叶细嫩，形如凤爪，上有白毫，制作精细，包装精致。而且在贮藏上用大量的普通茶叶围裹在四周加以养护，较好地保存了茶叶的品质。成品茶用红碧纱茶囊盛装，10 斤普通茶叶养护 1 两茶芽，保持茶叶品质。这种茶叶，在京师极受欢迎，获得了王公贵族们的交口称赞。其中，诗中双井茶形状“如凤爪”，以及独特包装贮藏方法，都是极为珍贵的茶叶史料。

其实，诗的点睛之笔是结尾佳句：“宝云日注非不精，争新弃旧世人情。岂知君子有常德，至宝不随时变易。君不见建溪龙凤团，不改旧时香味色。”世人都爱喜新厌旧，君子则拥有“常德”，即道德品质不“随时变易”，而是像建溪的龙凤团茶那样，任时光流转，世事变迁，仍不改旧时品质与气质。欧阳修借助茶的品质，来以茶喻德、以茶言志。饮茶不仅要识其味，知其艺，更要懂得把茶作为个人道德修养的象征，这正是欧阳修“茶味人生”的追求。

二、王安石识茶鉴水

北宋时期，来自江西临川的“一代名相”王安石（1021—1086）是政治家、文学家、思想家、改革家，他才华横溢，成就斐然，创“荆公新学”，名列“唐宋八大家”。王安石留下的饮茶趣事，也是截然相反，大相径庭。“大好茶味”的笑谈，成为王安石不知茶事，难登风雅的“窘事”。据宋代彭乘《墨客挥犀》记载，王安石在任翰林学士期间，有一次拜访著名茶学家、书法家蔡襄。蔡襄久仰王安石之名，便拿出珍藏多年的极品茶，亲自烧水烹煮，希望能得到王安石的赞扬。王安石则从口袋中取出一种名为“消风散”的药物，投入到泡好的茶中，一饮而尽。他这种做法，令精通茶道的蔡襄顿时大惊失色。接着，王安石又说：“这茶味太好了！”蔡襄只得无奈大笑，叹言王安石的直率。

《桂枝香·金陵怀古》丁世弼 / 现代（抚州王安石纪念馆藏）

王安石以药入茶的趣事，一向被视为他不谙茶事的佐证。其实，王安石药茶同食，既是当时自身治疗、调理健康的需要，也是他真诚直率性格的自然表露。作为成大事者，王安石对点茶小道不以为意，才会做出如此举动。

但是，另有一则记载王安石明辨三峡水的故事，认为他是品茶高手。故事说的是王安石年老时患有痰火之症，服用许多药物，总是难以根除。后来，太医建议他饮用阳羡茶试一试，并叮嘱要用长江瞿塘中峡水煎烹。因为苏东坡是蜀地人，王安石便托他返回家乡时，顺便带一瓮瞿塘中峡水。苏东坡从三峡乘船返回途中，想着要为王安石带水。此时，正值秋雨季节，水势很大，船顺流而下，两岸景象

宜昌西陵峡

万千。苏东坡诗兴大发，凭几构思，加之困倦，不觉睡去，故不曾吩咐打水。他一觉醒来，方才想起打水之事，船已到下峡西陵峡。想要返回巫峡取水，可是逆流湍急，回溯困难，无奈只得放弃，汲下峡水以充之。抵京后，苏东坡亲自把水送到王府。王安石命人将水瓮抬进书房，亲自开封。又命童仆在茶灶中煨火，用银铫汲水烹之。先取白定碗一只，投阳羡茶一撮于内。候汤如蟹眼，急取起倾入，其茶色半晌方见。荆公问："此水何处取来？"东坡道："巫峡。"荆公道："是中峡了。"东坡道："正是。"荆公笑道："又来欺老夫了！此乃下峡之水，如何假名中峡？"东坡大惊，只得据实以告，并述土人之言："三峡相连，一般样水""晚生误听了，实是取下峡之水！老太师何以辨之？”荆公道：“读书人不可轻举妄动，须是细心察理。这瞿塘水性，出于《水经补注》。上峡水性太急，下峡太缓，惟中峡缓急相半。太医院官乃名医，知老夫乃中脘变症，故用中峡水作引，药才能见效。此水烹阳羡茶，上峡味浓，下峡味淡，中峡浓淡之间。今见茶色半晌方见，故知是下峡。”东坡大为折服，赶紧离席致歉。

鉴别水的能力，历史上陆羽、张又新、刘伯刍、李德裕等人品茶品饮，大都凭直观感觉，辨析并无太多道理。而王安石辨别三峡之水，只观茶色变化，就看出破绽，且有一套完整理论。若依此言，王安石对茶道颇有研究，尤其是对泡茶用水，到了出神入化的地步。

当然，这则故事载于明代文学家、思想家、戏曲家冯梦龙（1574—1646）纂辑的《警世通言》，该书完成于明天启四年（1624），书中故事描述的时代包括宋、元、明三代，其题材或来自民间传说，或来自民间宗教宝卷和小说。故事虽是小说家言，起码王安石饮茶造诣很深的传闻，民间流传已久。

其实，王安石对于茶事非常关注，并且多有高见。北宋嘉祐四年（1059）二月茶法通商后不久，王安石力主改革茶政，反对榷茶法，针对当时反对通商的议论，提出相反的观点。于是，他向仁宗呈上了两个与茶政茶税有关的奏折，即《议茶法》和《茶商十二说》。这两篇奏折，力陈垄断的弊端，以及朝廷仰赖豪商运输、流通茶叶的20种害处，请求政治改革，强调“收天下之财，以供天下之费”的理财原则。

同时，王安石曾经撰写诗歌反对榷茶法，即《酬王詹叔奉使江东访茶法利害见寄》。在诗歌中，王安石指出榷茶法的利害，称之为东南一带最大的民害，希望朝中的恢奇之士回到朝廷向皇帝剖析此茶法的厉害，推行新法。他还创作茶诗十来首，如《试茗泉》描写了对品茗之泉的独特喜爱，《鲍公水》一诗，则表达了对于“远源”之水、“泠泠”之景的向往。

王安石这个“工作狂”，连喝茶也是一种奢侈，直至罢官退隐南京，才有闲时，方具闲心，始得闲情，寻幽探秘，作诗喝茶。他虽然被

《仁宗坐像》佚名/宋代（台北故宫博物院藏）

时人认定为“执拗”，但在兄弟之间还是很温情的。每逢皇帝赏赐好茶，王安石必定寄给两个弟弟，还会写诗致意。

《寄茶与平甫》诗中“石楼试水宜频啜，金谷看花莫漫煎”之句，表达了王安石的茶道观。唐代李商隐在《义山杂纂》中，将清泉濯足、花上晒裤、背山起楼、焚琴煮鹤、松下喝道、看花泪下、对花啜茶等16种情况，列为“煞风景”之举。王安石强调在金谷园赏花时不要烹茶品饮，看花就倾心看花，喝茶就精心喝茶，不要“对花啜茶”，应了李商隐的大煞风景之事。看来，王安石并非不懂饮茶，而是反对 “对花啜茶”之类的浮艳茶风。

三、黄庭坚独擅茶词

黄庭坚是宋代“江西诗派”开山之祖；书法独树一帜，是“北宋四家”之一。他具有不同凡响的才气与淡定超然的心性，与茶的灵秀、淳洁的属性相契合。黄庭坚的故里是著名的茶乡，茶的芬芳与内力浸透了他的肌体和灵魂。他终身爱茶、嗜茶，以茶为友，享受文雅的茶事生活，参加茶香茗饮的联谊交流，推介家乡名茶不遗余力。宋词是文学的“一代之胜”，宋代是词创作的巅峰时期。而黄庭坚在茶词创作方面的独树一帜与美学神韵，使茶词提升到新的水平与境界。

九江修水县黄庭坚纪念馆雕塑

茶词是万紫千红词苑中，以歌咏茶事为主题内容的奇葩。宋代茶词名家名篇异彩纷

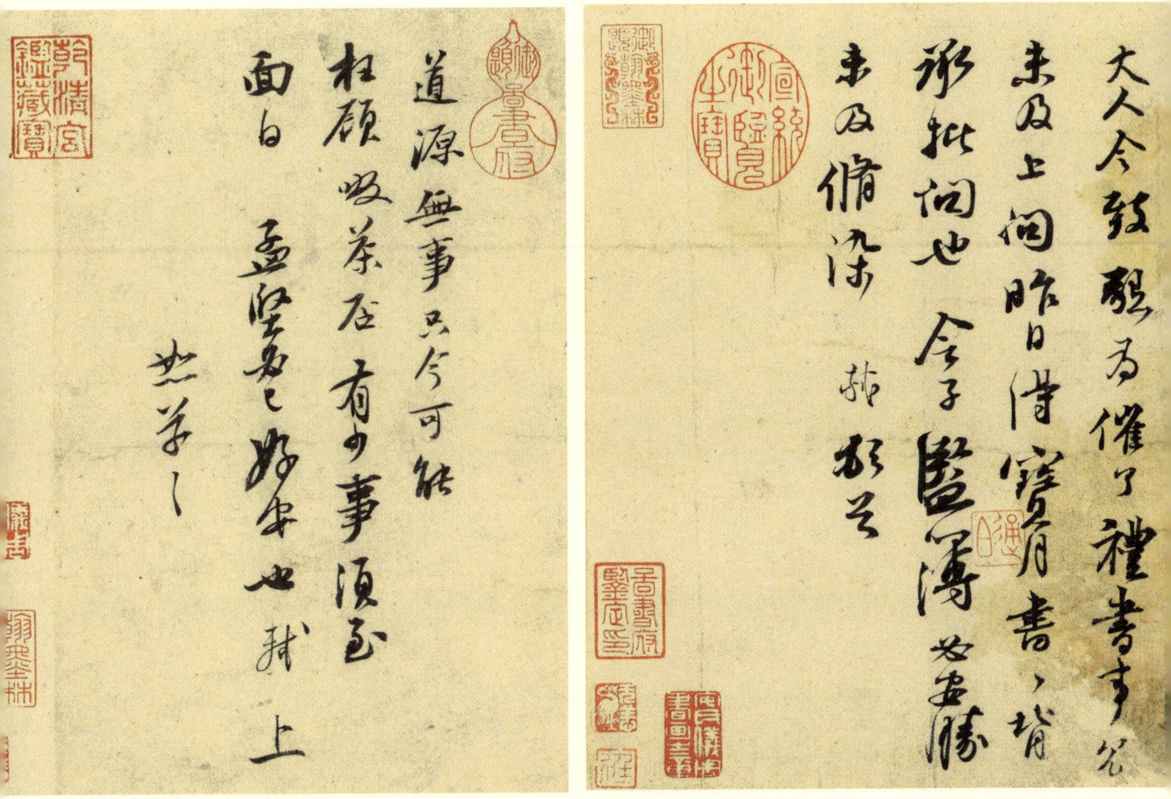

《宝月啜茶二帖》苏轼 / 宋代（台北故宫博物院藏）

呈，词牌词调丰富繁杂。当时的著名词家，几乎人人参与创作。苏轼、秦观、李清照、陆游、辛弃疾、吴文英等，都是一代绝唱，千古传诵。黄庭坚的咏茶词作品虽只有十几首，却是两宋咏茶词创作者中最多的人。他的茶词作品灵动新颖，开辟了词体创作的新途径，贡献巨大，影响深远。

根据《全宋词》统计，苏轼最先将“茶”写进词中，但只有两首茶词，其他作者亦只有一二首茶词。而黄庭坚有 11 首，相较之下，是茶词作品最多的词家，占宋代茶词的五分之一。黄庭坚的茶词不仅数量多，且多为上乘之作。在他的茶词中，我们可以强烈地感受到词人爱茶的脉脉情怀，品茶的淡淡雅兴，以及历历可数的茶事，依依动人的茶谊。

一是黄庭坚的茶词，真切地反映了词家对茶的赞美与深爱。如最有名的咏茶长调《满庭芳》：

北苑龙团，江南鹰爪，万里名动京关。碾深罗细，琼蕊暖生烟。一种风流气味，如甘露、不染尘凡。纤纤捧，冰瓷莹玉，金缕鹧鸪斑。

相如，方病酒，银瓶蟹眼，波怒涛翻。为扶起，樽前醉玉颓山。饮罢风生两腋，醒魂到、明月轮边。归来晚，文君未寝，相对小窗前。

这首咏茶词，以茶为中心，纵横于名物之中，出入于典故之间，写尽古今风流。上阕一开头三句，分咏北苑团茶与故乡双井茶，一是团茶，二是草茶，然而，两者在黄庭坚心中都是“万里名动京关”，无人不知无人不晓。更有红巾翠袖，纤纤玉指，研茶沏水，捧精美茶盏，侍奉身前，堪称一时雅事。“鹧鸪斑”，以其纹色代指茶盏，极珍贵。好茶叶之外，还要有好水，好茶具，好的捧盏人，这才是品茶之道。

下阕写邀朋呼侣集茶盛会。先翻出司马相如风流情事，紧接着带出宴宾豪兴，又暗暗折入茶会行令的本题。“为扶起”下四句，承接字面，明写司马相如酒兴文才，实暗指茶客们酣饮集诗、比才斗学的雅兴。

这首词写得风流俊雅，典故运用自如，茶之神韵衬托得极为巧妙。故吴曾《能改斋漫录》卷十七：“山谷少时，尝做茶词，寄调《满庭芳》云：‘北苑龙团……’其后增损前词，止咏建茶云：‘北苑春风……’辞意益工也。”

二是对茶乡风俗习惯的记叙与品茶的欢欣。黄庭坚作于被贬黔州之时的《踏莎行》，无疑是一幅生动的茶乡风俗图，诗云：

画鼓催春，蛮歌走饷。雨前一焙争春长。低株摘尽到高株，高株别是闽溪样。

碾破春风，香凝午帐。银瓶雪滚翻成浪。今宵无睡酒醒时，摩围影在秋江上。

上阕从听觉入笔，形象生动地展现采茶的热闹景象：敲响画鼓，催促春茶醒来；唱着民歌，为采茶人送去饭菜。“画鼓催春”，描绘的是采茶前的开茶仪式。欧阳修《尝新茶呈圣俞》云：“年穷腊尽春欲动，蛰雷未起驱龙蛇。夜闻击鼓满山谷，千人助叫声喊呀。万木寒痴睡不醒，惟有此树先萌芽。”“雨前一焙谁争长”，写赶在谷雨前，焙制好茶的情形。后两句则详写采茶的场景：摘完低处的嫩芽，伸手去摘长在高处的嫩芽，不管何处，茶叶都像建溪茶那样。建溪龙团凤饼是宋代贡茶，茶中绝品，词中把所采之茶与建溪茶做比，称赞茶之珍贵。

下阕写煎茶的茶香与茶水的形态，从嗅觉和视觉上赞美所咏之茶：春茶碾碎，入水煎之，茶香弥漫室内，连帐子都似乎凝聚着浓浓茶香。茶具里的纯白茶水，如水浪般翻滚。最后，化用柳永《雨霖铃》中的“今宵酒醒何处，杨柳岸，晓风残月”，写饮茶后的感受：今夜酒醒后无法入睡，看到江面还有摩围阁的倒影。全词结尾，出其不意地转换和升华，深化了主题和意境，留下了遐想的空间。

同样写茶乡的还有《阮郎归》，词的上片写黔中地区茶农的采茶和制茶生活，下片则从正面、侧面两个角度称赞了都濡茶的珍贵美味。词中虽无一“茶”字，句句皆围绕“茶”展开，字里行间不难看出作者对茶的熟知和热爱。

三是黄庭坚的茶词，大量地记录了自己生活优裕闲适的面貌。这种面貌，正是北宋中期以后文人真实生活的反映。黄庭坚的茶诗词作品，大多数写于馆阁时期，官事闲暇之际，常与师友饮茶聚会，诗词酬唱，享受“更煎双井苍鹰爪，始耐落花春日长”（《戏答荆州王充道烹茶》）的美好时光，留下了许多咏茶的作品。《阮郎归》正是这样的佳构：

摘山初制小龙团，色和香味全。碾声初断夜将阑，烹时鹤避烟。

消滞思，解尘烦。金瓯雪浪翻。只愁啜罢水流天。余清搅夜眠。

这首茶词，上阕描写用初春首批芽茶制成小龙团的绝妙。下阕仅仅 23 个字，将饮茶的意境描绘得淋漓尽致。词家对饮茶的讲究十分精细雅致，可见生活的清闲与优渥。

此外，《惜余欢》《西江月》《一斛珠》《看花回》等词作也反映了当时“先酒后茶”式的文人交游状态。宋代文人生活条件优越，清闲时光充足，社交欢聚机会增多，唯此才能将饮茶推向精细雅致的道路，有着“只愁啜罢水流天，余清搅夜眠”的风雅与清闲。这些咏茶作品犹如宋代文化的一面镜子，从侧面反映了那个时代的独特的社会文化风貌。

黄庭坚的茶词，以艺术创造新颖而脍炙人口。其特点是：取意清雅，饶有余味，进而令读者衍生出多元的触发与隽永的感受。

《品令》是黄庭坚的名作：

凤舞团团饼。恨分破、教孤令。金渠体净，只轮慢碾，玉尘光莹。汤响松风，早减了，二分酒病。

味浓香永．醉乡路、成佳境。恰如灯下，故人万里，归来对影。口不能言，心下快活自省。

上阕写煮茶过程，生动形象地展现了贡茶凤团的茶形、碾茶、煮茶、茶香以及茶之功效，在碾、煮、饮的叙述中却倾注了词人的主观情思，夸赞了茶的各个方面。下阕更妙，以饮茶感受为中心，将品茶后的妙悟娓娓道来，仿佛故人万里归来，在灯下对影，使人回味无穷。

尤其是最后“口不能言，心下快活自省”，巧妙地将不能言语的茶味与人的情感表达得、恰到好处。

在词体做法上，黄庭坚也做出了新的尝试。《阮郎归效福唐独木桥体》，是黄庭坚在词体作法方面敢于创新的重要作品。

还有《惜余欢》词牌双调 104 个字，为黄庭坚所创，无别词可考。黄庭坚对茶词的开拓，可见一斑。

“原是分宁一茶客”的黄庭坚，用独特的感悟，真切的深情，在茶的世界融入诗词，在诗词的天地播散茶香。两者的完美结合，既增添了茶界的文化内涵，又扩展了诗词的创作领域。其实，黄庭坚还创作了《煎茶赋》，对烹茶过程、品茶况味、佐茶宜忌，以及饮茶功效，做了集中描述。书法负盛名的黄庭坚，他的书法作品墨迹，有的也是写茶诗和茶事。

四、朱文公『以茶喻理』

朱熹画像

南宋时期理学家、思想家、哲学家、教育家、诗人朱熹（1130—1200），祖籍徽州府婺源县（今江西上饶婺源县），世称朱文公。朱熹一生与茶结下了不解之缘，特别是“以茶喻理”，别开生面，对道的领悟与诠释，可以使人在一定程度上领悟到中国茶道的真谛。

据《朱文公文集》记载：朱子年少时，即戒酒饮茶，以茶修德，以茶明伦，以茶寓理，不重虚华，崇尚俭朴。这种观念形成的原因，是因为朱熹幼年寄居五夫里刘子翚家时，在刘宅厅堂曾看到一副联书：“开门七件事，

上饶婺源县熹园

油盐柴米酱醋茶；持家三自律，勤俭耕读世泽长。”深有感触，故自定准则“以茶养生，衣取蔽体，食取充饥，居止取足，以障风雨，从不奢侈铺张”，并在日后的生活中践行。

朱熹生活在茶乡，从小接触茶，办学著述、从政为官之地在今福建、江西、浙江、湖南一带，都是产茶区域。他深知茶的益处，提倡广种茶树，曾撰写《劝农文》，并且身体力行躬耕茶事。南宋淳熙十年（1183），朱熹在武夷山隐屏峰下兴建“武夷精舍”，四周有茶圃3处，植茶百余株，人称“文公茶”。朱熹在此著书立说，招徒讲学，曾为此茶写诗《春谷（次韵秀野闲居十五咏）》，又名《咏茶诗》或《咏武夷茶》。诗云：

武夷高处是蓬莱，采得灵根手自栽。
地僻芳菲镇长在，谷寒蜂蝶未全来。
红裳似欲留人醉，锦障何妨为客开？
饮罢醒心何处所，远山重叠翠成堆。

这首诗，写出了饮罢手栽自制名茶，尘心洗却，悠然自得的乐趣，种茶采茶、以茶待客、品茗吟咏闲居生活的至理。

当然，朱熹还会在讲学著书之余，采茶做修身养性之举。南宋乾道六年(1170)，朱熹在建阳云谷构建“竹林精舍”(即“晦庵”)，并在云谷北岭“茶坂”处，“躬耕园亩，聊补食用，种植茶圃，耕且食之”。喜耕读之乐，朱熹写下《茶坂》诗：“携籝北岭西，采撷供茗饮。一啜夜窗寒，跏趺谢衾影。”短短四句，写出采茶制茶的艰辛，也写出品茶后的美妙。

正因为如此，朱熹有机会品尝和研究多种名茶，如建州北苑茶、庐山云雾茶等。他曾在《咏茶》诗中吟道：“茗饮瀹甘寒，抖擞神气增。顿生尘虑空，豁然悦心目。”描绘了诗人啜饮茗茶后，细细品味萦绕舌尖的茶香，霎时感觉神清气爽尘虑顿消，让人思绪清晰毫无杂念，豁然领悟茶道的真谛。

朱熹情趣超然，常能出人意表。武夷精舍前五曲溪中流有一块巨石，“可环坐八九人，四面皆深水，当中科臼自然如灶，可爨以瀹茗”。朱熹名为“茶灶石”，常与友人在此设茶宴，品饮名茶，吟诗斗茶。朱熹特撰《茶灶》诗："仙翁遗石灶，宛在水中央。饮罢方舟去，茶烟袅细香。"诗情画意，茶趣十足，茶香隽永，极富遐想。此诗广为流传，文人墨客竞相唱和。

闲暇之余，朱熹还遍访名茶名泉。南宋淳熙六年（1179）至淳熙八年（1181），朱熹在知南康军期间，曾多次到康王谷游历，并作《康王谷水帘》诗纪念：

循山西北骛，崎岖几经丘。
前行荒蹊断，豁见清溪流。
一涉台殿古，再涉川原幽。
萦纡复屡渡，乃得寒岩陬。
飞泉天上来，一落散不收。
披崖日璀璨，喷壑风飕飕。
追薪爨绝品，瀹茗浇穷愁。
敬酹古陆子，何年复来游？

诗中写出了前往康王谷崎岖道路的不易，描绘了康王谷水帘美丽壮观的景象，以佳水配名茶，谷帘泉水泡饮庐山云雾茶的高雅及痛快，表达了对唐代茶圣陆羽的敬意与怀念。

朱熹品茶，深谙茶趣，现武夷山水帘洞三贤祠前，还留有一副他为隐士刘甫手书的茶联："山居偏隅竹为邻，客来莫嫌茶当酒。”这副茶联，正是朱熹生活的真实写照。当然，作为理学家，朱熹不仅把品茶视为“雅玩之艺”，更成为“穷理明道”的途径。

宋代理学兴盛，斗茶茶汤的“咬盏”，被喻为“敬诚守一”；茶色尚白，喻为“气质清白”。而在《朱子语类》中，朱熹曾把建茶与江茶做比较：“建茶如‘中庸之为德’，江茶如伯夷叔齐。又曰：‘《南轩集》云：草茶如草泽高人，腊茶如台阁胜士。’似他之说，则伤了建茶，却不如适间之说两全也。”《朱子语类》还记载：“先生因吃茶罢，曰：‘物之甘者，吃过必酸；苦者，吃过却甘。茶本苦物，吃过却甘。’问：‘此理何如？’曰：‘也是一个道理。如始于忧勤，终于逸乐，理而后和。’盖理本天下至严，行之各得其分，则至和。”

朱熹通过饮茶，阐述“理而后和”的大道理。他认为在学的过程中，要狠下功夫，苦而后甘，始能乐在其中。所谓“理而后和”，正是《中庸》所云：“喜怒哀乐，未发之中，礼之实也；发而皆中，节之和。”（《庆元学案·晦翁学案·中和论》）这和饮茶先苦后甜的道理一样。

朱熹还以茶喻学，认为学问要专主一门。朱子对学生说：“如这盏茶，一味是茶，便是真才，有些别的滋味，便是有物夹杂了。”（《朱子语类》）比如宋代煎茶，仍有唐代遗风，在茶叶掺杂姜葱桂椒盐之类同煎，犹如大杂烩而妨碍茶味。朱熹在向学生讲学时，阐明对理学要皓首穷经，钻深研透，不要被流行的其他学派所迷乱，却巧妙地以日常生活中的茶做妙喻。这种比喻，既通俗易懂，又妙趣横生。

“问渠哪得清如许，为有源头活水来。”朱熹“以茶喻理”的深刻理解，不断浇灌着茶道文化！

这种“以茶喻理”“以茶明理”的追求，贯穿在朱熹人生的始终。庆元年间（1195—1200），朱熹给友人题匾赋诗，均以“茶仙”署名。他去世之前，为南剑州景点写“引月”二字，“茶仙”之题，竟成绝笔。由此，也成为朱熹对茶道矢志不渝的注脚。

看

听

五、杨万里诗咏『分茶』

南宋“中兴四大诗人”之一的杨万里（1127—1206），是吉州吉水（今江西吉安吉水县）人。其诗新鲜活脱，自成一家，独具风格，形成对后世影响颇大的“诚斋体”。诗与茶，是杨万里一生的两大嗜好，两者形影不离。他写诗 2 万多首，现存 4200 多首，其中茶诗约有 70 余首。既以诗写茶，又以茶论诗，两者几乎达到了水乳交融的地步。

杨万里嗜好饮茶，每至一地，往往用当地名泉名水煎茶。他在扬子江上，汲江心水煎茶：“携瓶自汲江心水，要试煎茶第一功。”（《过扬子江》）到无锡，喜用无锡惠山天下第二泉烹茶：“锡作诸峰玉一涓，曲生堪酿茗堪煎。”（《酌惠山泉瀹茶》）诗人还曾用江苏盱眙玻璃泉瀹茶：“熔出玻璃开海眼，更和月露瀹春芽。”（《题盱眙军玻璃泉》）当然，在他一生中，最难以忘怀的还是六一泉和双井茶，写下情感真挚的《以六一泉煮双井茶》，诗云：

鹰爪新茶蟹眼汤，松风鸣雪兔毫霜。
细参六一泉中味，故有涪翁句子香。
日铸建溪当近舍，落霞秋水梦还乡。
何时归上滕王阁，自看风炉自煮茶。

诗中写的是作者汲取安徽滁县琅琊山的六一泉，烹煮江西九江修水县的双井茶。六一泉位于安徽滁县西南醉翁亭畔，因宋代欧阳修曾守滁州，后人取其晚年自号“六一居士”为泉名。双井茶，则是黄庭坚家乡的名茶。无论欧阳修，还是黄庭坚，都与杨万里有乡党之情，更是声气相通。

诗中写道：烹茶煮水时，随着瓶中的水如松风鸣响，陆续冒出蟹眼般大小的水珠，便投入满身覆盖着兔毫白霜的鹰爪新茶，煮成一碗碗面上泛起白沫的茶汤。在仔细品尝以欧阳修命名的六一泉水的时候，又不知不觉地想起涪翁（黄庭坚）吟咏双井茶的美妙诗句。与滋味甘美的双井茶相比，日铸茶、建溪茶都要退避三舍。于是，不禁想起唐代王勃《滕王阁序》中“落霞与孤鹜齐飞，秋水共长天一色”的名句，在梦中似乎又回到了自己的故乡江西。盼望着有朝一日能够重上滕王阁，亲自提着风炉来煮双井茶。

但是，杨万里茶诗中最有魅力、最有影响的作品，还是描写分茶技艺的作品。宋代斗茶之风大兴，派生出了神奇高超、为世人瞩目的分茶技艺。

杨万里《澹庵坐上观显上人分茶》这首脍炙人口的名作，就生动描述了分茶的情景，诗云：

分茶何似煎茶好，煎茶不似分茶巧。
蒸水老禅弄泉手，隆兴元春新玉爪。
二者相遭兔瓯面，怪怪奇奇真善幻。
纷如擘絮行太空，影落寒江能万变。
银瓶首下仍尻高，注汤作字势嫖姚。
不须更师屋漏法，只问此瓶当响答。
紫微仙人乌角巾，唤我起看清风生。
京尘满袖思一洗，病眼生花得再明。
汉鼎难调要公理，策勋茗碗非公事。
不如回施与寒儒，归续茶经傅衲子。

这首诗以分茶为主题，对分茶的描写极为形象具体，特别突出了显上人分茶的高超技艺：分茶之时，借助“玉爪”等点茶器具，在流行的“兔瓯”茶盏中击拂茶汤，茶瓯表面的水纹，形成各种“怪怪奇奇”、不断变化的图像，有的如天空中飘拂的白云，又如江水中的倒影，甚至能形成气势非凡的文字，真是灵奇变幻，气象万千。高僧显上人高超的分茶技巧，其造诣之深，动作之巧，令人叹为观止。正是由于这首诗中的生动描写，才使显上人和分茶特殊技艺为后人所了解。

杨万里的诗作，形象、生动、鲜明、细致，使现今失传已久的宋代分茶技艺呈现眼前，历历在目。这样的分茶诗，在宋代茶诗中仅此一例，因而在中国茶文化史上具有不可替代的特殊地位。

作为著名爱国诗人，杨万里一生以气节著称，始终主张抗金，为国家的命运深感忧虑。他的爱国主义情怀，在茶诗中也得以显现。《题陆子泉上祠堂》就是这样的作品，诗云：

先生吃茶不吃肉，先生饮泉不饮酒。
饥寒祇忍七十年，万岁千秋名不朽。
惠泉遂名陆子泉，泉与陆子名俱传。
一瓣佛香炷遗像，几多衲子拜茶仙。
麒麟图画冷似铁，凌烟冠剑消如雪。
惠山成尘惠泉竭，陆子祠堂始应歇，山上泉中一轮月。

诗的前八句，追忆陆羽一生历尽饥寒之苦，换来不朽之名。世人为了纪念他，将惠泉更名为陆子泉，并为他建祠堂，挂遗像，尊他为“茶仙”。与之形成鲜明对比的是，为国为民效力、死而后已的岳飞等人却遭遇世人的冷落和遗忘，麒麟阁上他们的画像冰冷似铁，消逝如雪。抗金英雄岳飞的凄凉命运，让杨万里心忧和不平！

《文会图》（局部）赵佶 / 宋代（台北故宫博物院藏）

这样的纠结，在杨万里的茶诗中或明或暗地多有倾诉。在煎煮双井茶时，看到“蜘蛛正苦空庭阔，风为将丝度别檐”，他联想到自己为国效劳的梦想未能实现，因而彷徨苦恼。对于当时许多人置山河破碎于不顾，却纷纷“携瓶自汲江心水，要试煎茶第一功”，他深感不解。

在杨万里的心目中、笔端下，茶品与诗品相似，茶艺与诗艺相通。

他曾在《颐庵诗稿序》一文中说过：“尝食夫饴与茶乎？人孰不饴之嗜也？初而甘，卒而酸。至于茶也，人病其苦也。然苦未既，而不胜其甘。诗亦如是而已矣。”在这里，他把茶与饴糖做了一个比较：饴糖开始吃时甘甜无比，最后则往往有一种酸味；吃茶则不然，虽然人们并不喜欢茶的苦味，但茶一经入口，当苦味还停留在口中时，即可品味到无比甘甜的滋味。而读诗给人的感觉，则与饮茶的感觉相同。

杨万里之所以与茶朝夕相伴、形影不离，而且通晓茶艺、精于茶道，后世学者有一确评，称其能品出茶的“味外之味”，并且现于笔墨。这种“味外之味”，既体现了故人情、朋友情，又饱含着对山河破碎的悲愤和对南宋国事关切的深厚感情！

后记

我的籍贯，在唐代就风行名茶“西山白露”的新建，也是明代朱权写作《茶谱》获得灵感之地；我的出生地，在享誉中外的宁红茶的主产区之一的武宁，也与自诩为“分宁茶客”的宋代黄庭坚故里同属区域。这些地方都有历史悠久的茶文化、丰富多彩的茶俗风情和深厚浓郁的文化底蕴；我的家庭，一直是“茶人之家”。20 世纪 50 年代初，每到春天，母亲都会早起去采茶，制作后，成为家里常年的饮品。父亲每次读书、写作、批改学生作业，都会泡上一杯茶。年幼之时，父亲还多次带我到南昌八一公园的茶馆，他坐在竹躺椅上看书，我则在公园玩耍。玩到口干舌燥，汗流浃背，我又回到茶馆，喝上一些茶，再去游玩。如今，60 多年过去，这些温馨情景，依然历历在目。

1975年，我开始搜集茶文化资料，逐步思考与探讨，以致茶文化成为我学术研究的重要方面之一。多年来，我撰写与主编的茶文化著作有五六十本，却没有一本茶文化著作是专为江西、为故乡所写。当《江西文化符号丛书》编委会、江西美术出版社向我约稿，承担《茶文化》一书写作时，我正寓居鹏城，又值疫情期间，我任主编的多卷本《中华茶史》也入选了国家出版基金项目，正是完成的关键时刻，但我还是毅然接受了任务。经过夜以继日的努力，总算交上了一份答案，了却对故乡的长久茶情！

在写作时，得到《江西文化符号丛书》编委会的大力支持，江西出版集团的热情关心，江西美术出版社的精心指导和具体帮助，在此一并表示诚挚的感谢！

在撰稿时，因暂处外地，资料不便，幸亏有多年学术积累，相关难题也得到解决。特别是全国各地熟悉和未曾谋面的朋友，你们的研究著作与论文，给予我诸多启发。根据学术规范与我论著原有惯例，都会一一注明出处。由于此次受写作体例所限，只能心存敬意，一并表示衷心的感谢！

淡中有味茶偏好，清茗一杯情更真。

一本茶书的完成，只是一种寄托，一点心意，一份责任。而在未来的岁月里，茶香永在！茶情永恒！

余悦

2023 年 1 月

图书在版编目（C I P）数据

茶文化 / 余悦著 . -- 南昌 : 江西美术出版社 :
江西人民出版社 , 2023.3 (2024.4 重印)
(江西文化符号丛书)
ISBN 978-7-5480-9064-9

Ⅰ . ①茶… Ⅱ . ①余… Ⅲ . ①茶文化—江西
Ⅳ . ① TS971.21

中国版本图书馆 CIP 数据核字 (2022) 第 219768 号

出 品 人　刘　芳
项目统筹　方　姝
责任编辑　姚屹雯　李安琪
数字编辑　陈冬华
责任印制　吴文龙　张维波
书籍设计　梅家强　林思同　先鋒設計
新媒体制作　江西中文传媒数字出版有限公司

江西文化符号丛书
茶 | 文 | 化
JIANGXI WENHUA FUHAO CONGSHU
CHA WENHUA

著　者：余　悦
出　版：江西美术出版社　江西人民出版社
地　址：南昌市子安路 66 号
邮　编：330025
电　话：0791-86566309
网　址：www.jxfinearts.com
经　销：全国新华书店
印　刷：浙江海虹彩色印务有限公司
版　次：2023 年 3 月第 1 版
印　次：2024 年 4 月第 2 次印刷
开　本：710 mm×1000 mm　1 / 16
印　张：16
ISBN 978-7-5480-9064-9
定　价：78.00 元